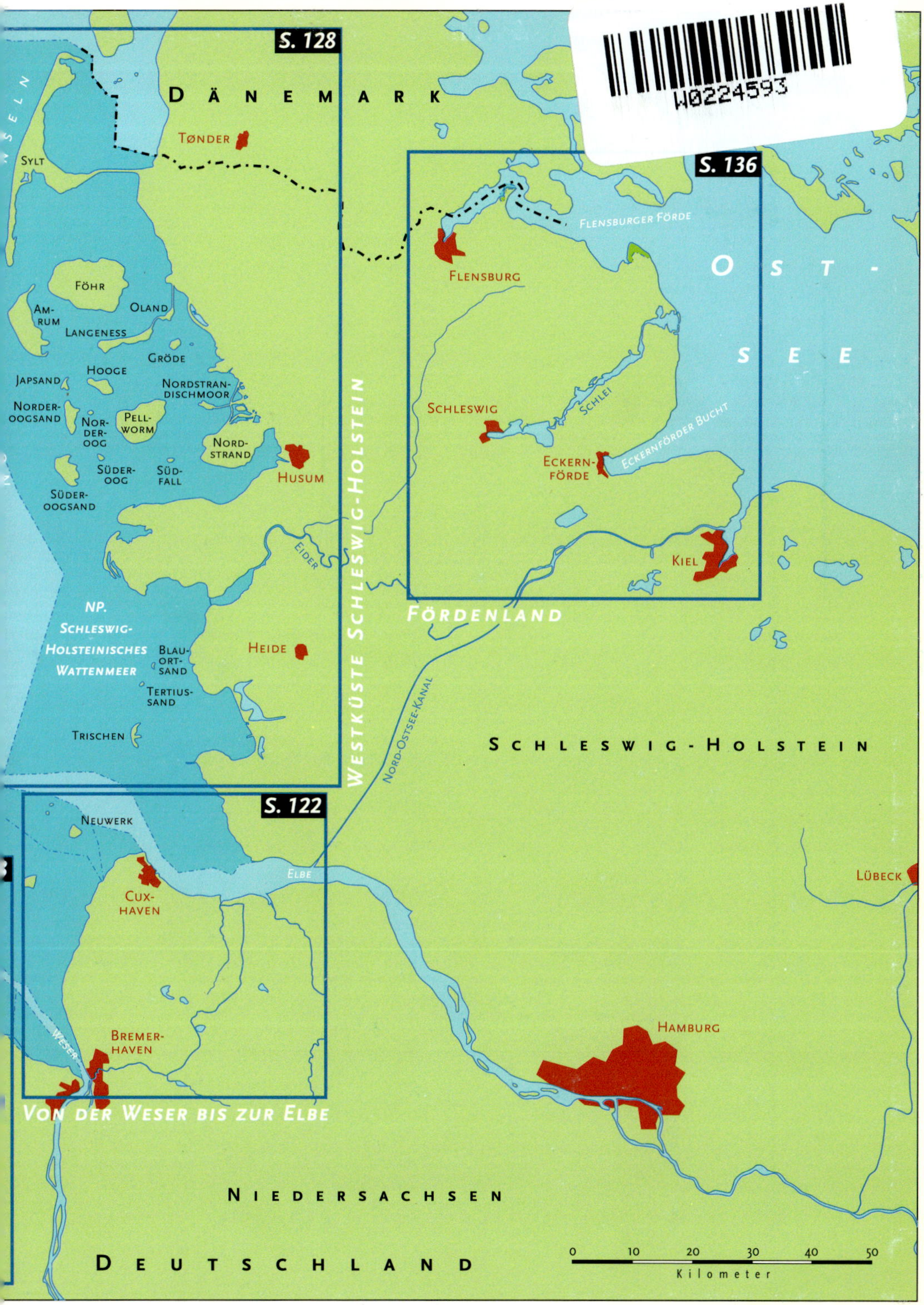
S. 128
DÄNEMARK
TØNDER
SYLT
FÖHR
AM-RUM
OLAND
LANGENESS
GRÖDE
HOOGE
JAPSAND
NORDSTRAN-DISCHMOOR
NORDER-OOGSAND
NOR-DER-OOG
PELL-WORM
NORD-STRAND
HUSUM
SÜDER-OOG
SÜD-FALL
SÜDER-OOGSAND
EIDER
NP. SCHLESWIG-HOLSTEINISCHES WATTENMEER
BLAU-ORT-SAND
TERTIUS-SAND
HEIDE
TRISCHEN
WESTKÜSTE SCHLESWIG-HOLSTEIN
S. 136
FLENSBURGER FÖRDE
FLENSBURG
OST-SEE
SCHLESWIG
SCHLEI
ECKERNFÖRDER BUCHT
ECKERN-FÖRDE
KIEL
FÖRDENLAND
NORD-OSTSEE-KANAL
SCHLESWIG-HOLSTEIN
S. 122
NEUWERK
ELBE
CUX-HAVEN
LÜBECK
BREMER-HAVEN
WESER
VON DER WESER BIS ZUR ELBE
HAMBURG
NIEDERSACHSEN
DEUTSCHLAND
0 10 20 30 40 50
Kilometer

Inhalt

Bruno P. Kremer
Fritz Gosselck
Klaus Janke

Der große Kosmos-Naturführer
Strand und Küste
Nord- und Ostsee

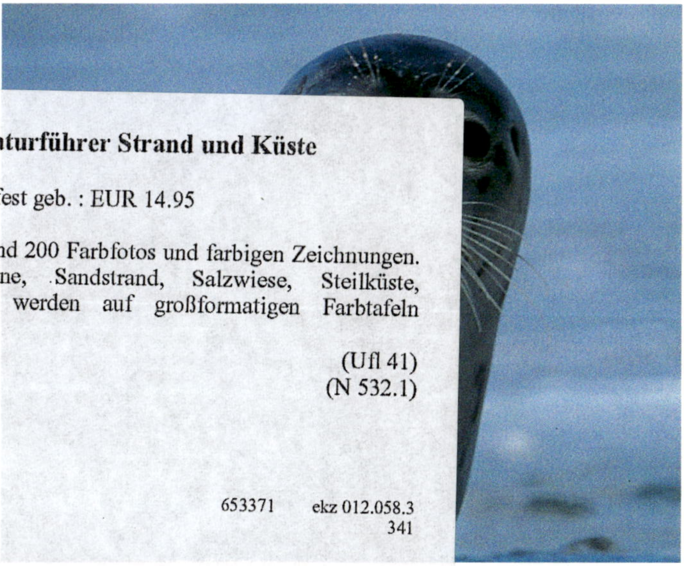

KOSMOS

Erlebnisraum Meeresküste

Vom Meer erleben wir meist nur den schmalen Küstensaum zwischen Hochwassermarke und Horizontlinie. Diese Sicht ist stark eingeengt, denn eigentlich ist unsere Erde ein Wasserplanet. Eine Vorstellung davon gewinnt man, wenn man im Flugzeug mehrere Stunden über dem offenen Atlantik zubringt und nur Wasser sieht – als schimmernde Fläche ein Dutzend Kilometer weiter unten oder als horizontweite Wolkenfelder. Seit Urzeiten ist es in den irdischen Wasserkreisläufen unterwegs. Was Sie am Strand umbrandet oder im Fünfuhrtee erquickt, könnte schon einmal die Träne eines Dinosauriers gewesen sein, aber ebenso ein Tautropfen in vorantiken Paradiesgärten oder erst letztes Jahr ein Nebeltropfen im tropischen Regenwald.

Die Erde – eine wässrige Welt

Nur aus größerer Nähe betrachtet ist unsere Erde eine weithin grüne Welt mit Wäldern und Wiesen. Aus dem erdnahen Weltraum zeigt sie sich dagegen als blauer, weil wässriger Planet – ein strahlender Saphir auf mattschwarzem Samt, wie der amerikanische Astronaut NEIL ARMSTRONG während einer seiner ersten Erdumrundungen poetisch anmerkte. Bei oberflächlicher Betrachtung ist die Erde also ein Wasserplanet. Schon die ersten Kartierungen während der iberischen Entdeckungsfahrten im 15. Jahrhundert ergaben, dass unser Heimatplanet überwiegend ozeanisch ist: Von den 510 Mio. km² Gesamtoberfläche sind nahezu 71 % oder 361,1 Mio. km² wasserbedeckt.

Im Sechsstundenland des Watts ist das Meer nur zeitweilig weiter weg.

Wasserpole und Landseiten

Weltkarten und Schulatlanten rücken jeweils die Festländer in den Mittelpunkt und zeigen von den Ozeanen oft nur randliche Anschnitte. Betrachtet man einen Schulglobus einmal so, dass die Loire-Mündung im nordwestlichen Frankreich im Zentrum liegt, sieht man die Erdhalbkugel mit dem ausgedehntesten Festlandanteil. Dieser ist trotzdem nur zu knapp 49 % Kontinentgebiet – etwas mehr als die Hälfte sind aus dieser Perspektive wasserbedeckt. Die Wasserhalbkugel mit dem größtmöglichen ozeanischen Anteil hat ihr Zentrum bei Neuseeland und umfasst immerhin rund 91 % Meer.

Ein Eierbecher voll Süßwasser

Die insgesamt auf der Erde in Atmosphäre (Lufthülle), Hydrosphäre (Wasserhülle) und Lithosphäre (Gesteine) vorhandene Gesamtwassermenge beträgt rund 1,37 Milliarden km^3, – diese Menge entspricht einem Würfel von annähernd 1100 km Kantenlänge. Die irdische Hydrosphäre ist überwiegend marine Umwelt, denn die Weltmeere umfassen mit knapp 96,5 % Volumenanteil davon die weitaus größte Portion. Nur der Rest von etwa 3,5 % ist Süßwasser, zusammen rund 35 Mio. km^3 und etwas mehr als das zehnfache Wasservolumen des Mittelmeeres. Ein anderer Vergleich: Von einem Wassereimer mit 10 l Fassungsvermögen entspricht nur die Füllung eines Eierbechers (35 ml) der Wassermenge in Bächen, Flüssen und Seen.

Unser Lebensraum – ein dünner Film

Global betrachtet ist die festländische Biosphäre nur ein dünner Film. Wie anders stellt sich im Vergleich dazu das Großgewässer Meer dar. Die Ozeane und ihre Randmeere sind eben nicht nur Fläche – sie erstrecken sich auch beträchtlich in die Tiefe, im Extremfall über rund 11 km, und sind wirklich ein Lebens-„raum“. Wenn man allerdings die so dominante wässrige Welt wieder zur Gesamtgröße der Erdkugel in Beziehung setzt, schwinden auch die gewaltigen Wassermassen der Ozeane fast wieder zum Nichts: Auf einem gewöhnlichen 40 cm-Schulglobus macht die mittlere Meerestiefe lediglich eine Wasserhaut von 0,1 mm Dicke aus – nicht einmal so viel, wie zwei Seiten dieses Buches dick sind. So betrachtet erweisen sich die gleichsam als Feuchtebelag des Festkörpers Erde mit einem Massenverhältnis von etwa 5000:1.

Landfestes Gebiet ist an der Erdoberfläche fast eine Ausnahme.

Lebensraum Meer – Weite, Tiefe, Gliederung

Ein so gewaltiger Lebensraum wie das Meer, das – räumlich betrachtet – nahezu 99 % der gesamten Biosphäre ausmacht, ist natürlich kein einheitliches Gebilde, auch wenn sein allgemein kennzeichnender Bestandteil Salzwasser mit einem weltweit einheitlichen Mengenanteil von etwa 35 ‰ ist. Ebenso wichtig wie die flächige, in der Geografie übliche Einteilung ist die Tiefengliederung.

Der Atlantik, der die Alte von der Neuen Welt trennt und mit einem Flächenanteil von 29 % der zweitgrößte Ozean ist, ist ein geologisch noch vergleichsweise junges Weltmeer. Da die Erdkruste gleichsam ein Plattenbau mit beweglichen Einzelteilen ist, öffnete er sich erst vor rund 240 Mio. Jahren durch Auseinanderdriften der Amerikanischen und der Euroasiatisch-Afrikanischen Platte. Bis zum Ende der Kreidezeit vor etwa 65 Mio. Jahren war er als durchgehender Nord-Süd-Ozean ausgestaltet. Jährlich vergrößert er sich um ungefähr den Betrag, mit dem unsere Fingernägel wachsen – etwa 3,5 cm.

Nordsee – ein Zipfel des Atlantiks

Zu den berühmten Sieben Meeren der Entdecker und Seeabenteurer gehört die Nordsee nicht, aber unstrittig ist sie ein Teil des Atlantiks. Über eine rund 500 km breite Öffnung zwischen Nordschottland und Südwestnorwegen steht sie mit diesem Ozean in offener Verbindung, außerdem über den schmalen Ärmelkanal zwischen Frankreich und Großbritannien. Mit rund 560 000 km² Fläche ist sie nur wenig kleiner als das Schwarze Meer. Ihre mittlere Tiefe beträgt etwa 90 m. Die tiefste Stelle (= Norwegische Rinne) reicht 725 m hinab. Meeresgebiete wie die Nordsee nennt man Flach-, Rand- oder Transgressionsmeer – der gesamte Nordseeboden gehört noch zum europäischen Kontinentsockel. Dessen vom Meerwasser bedeckter Teil bildet den Schelf. Daher stuft man die Nordsee auch als Schelfmeer ein.

Erlebnisraum Insel: Vilm im Greifswalder Bodden/Ostsee

Die Ostsee reicht weiter nach Norden als die Nordsee.

Tiefengliederung der Meere – eine Welt in Stufen

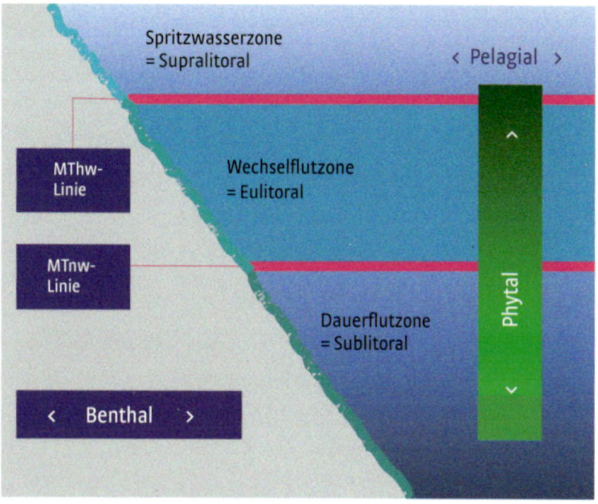

Die Ostsee ist ein Mittelmeer

Eigentlich müsste man die unter Einschluss des Kattegats rund 413 000 km² große Ostsee als Nordsee bezeichnen. Sie liegt zwar östlich des Nordseebeckens, erstreckt sich jedoch mit ihren entferntesten Ausläufern viel höher in den Norden: Während die Nordsee ungefähr zwischen dem 52. (Themse- bzw. Rheinmündung) und dem 60. Breitengrad (Shetland-Inseln) liegt, reicht die Ostsee vom 54. (Travemünde) bis zum 63. Breitengrad und damit fast an den nördlichen Polarkreis. Da die Ostsee schmal und rundum von Festland eingeschlossen ist, gilt sie als kontinentales Mittelmeer.

Horizontal und vertikal

In horizontaler Richtung gliedert man das Meer in zwei Hauptlebensräume: Das Benthal ist der Meeresboden und umfasst alle Lebensgemeinschaften mit Bodenkontakt, während zum Pelagial alle Arten aus den Freiwasserräumen gehören. Der oberste, etwa bis zur 200-m-Tiefenlinie hinabreichende Teil des Benthals bildet das Litoral, der zugehörige Freiwasserraum das Epipelagial. Nur dessen obersten Teilraum kann man als Urlauber oder Taucher aktiv erleben. Die Grenzziehung hängt mit der Eindringtiefe des Lichtes zusammen: Nur wo genügend Sonnenlicht einfällt, können Planktonalgen und Tange fotosynthetisch aktiv sein und die Nahrungsbasis für alle anderen Wasseretagen produzieren.

Übrigens stammt jedes zweite Sauerstoffmolekül, das wir einatmen, aus der Produktion im Meerwasser.

Im Takt der Gezeiten

Überall im direkten Kontaktsaum zwischen Meer und Festland geben die Gezeitenwasserstände (vgl. S. 14) sowie die Wind- und Wellendynamik (vgl. S. 18) im Litoral eine besondere Abfolge von Teillebensräumen vor: Den gesamten amphibischen Bereich zwischen Hoch- und Niedrigwassermarke, der periodisch trocken fällt, nennt man Eulitoral oder Wechselflutzone.

Davon klar getrennt ist die Dauerflutzone (Sublitoral) unterhalb der Niedrigwasserlinie. Das Küstenband, an das zwar nicht regelmäßig die Tidenwasserstände heranreichen, jedoch bei Wind oder Sturm die zerstäubten Fontänen der Salzgischt anklatschen, bildet die Spritzwasserzone (Supralitoral). Alle diese Zonen zeigen eine auffällige Gürtelung, die sich aus der Ansiedlung kennzeichnender Pflanzen- und Tierarten ergibt (vgl. S. 42), wie man sie so am Festland nicht findet.

Meersalz kann man nur ausnahmsweise sehen, aber fast immer schmecken.

Warum ist das Meer so salzig?

Für einen Küstenurlauber ist das Meerwasser schon allein deswegen etwas Besonderes, weil es mit seiner enormen Salzfracht ganz anders schmeckt als Leitungswasser. Aus Abenteuerberichten Schiffbrüchiger weiß man auch, dass Meerwasser normales Trinkwasser nicht ersetzen kann und überraschend schnell tatsächlich lebensbedrohlich wirkt.

Salz in die Meere

Die Versalzung der Meere erklärt man hauptsächlich durch den Eintrag der Flüsse: Bäche und Flüsse waschen das verwitternde Gestein aus und schwemmen die dabei freigesetzten Salze in das Meer. Dieser Vorgang findet seit Urzeiten innerhalb des großen irdischen Wasserkreislaufs statt.

Ein Kilogramm Meerwasser enthält rund 35 g Salze. Den Salzgehalt (Salinität) gibt man üblicherweise in Promille (‰) oder der zahlengleichen Einheit psu (= practical salinity unit) an. Durch Verdunstung und Niederschlag ergeben sich in den Ozeanen regionale Unterschiede. So beträgt der Salzgehalt im Persischen Golf sogar 42 psu. In den Polarzonen führen Eisbildung und Schmelze ebenfalls zu Verschiebungen im Salzgehalt, ebenso hoher Niederschlag in der Äquatorialzone und starke Verdunstung in den Subtropen.

Brackwasser – ein besonderes Nass

Verdünntes Meerwasser unter 18 psu nennt man Brackwasser. Beim Baden ist es angenehm, weil es nicht in den Augen brennt. Der Salzgehalt unserer Tränenflüssigkeit ist dem der westlichen Ostsee (ca. 18–16 psu) etwa gleich.

Brackwasser findet sich z. B. in den Randmeeren mit einem nur schmalen Zugang zu den Ozeanen – Gebieten von geringem Wasseraustausch mit salzreichen Meeren und gleichzeitig bedeutender Zufuhr von Flusswasser. Die Ostsee mit ihren flachen und schmalen Korridoren zur Nordsee über die dänischen Belte und Sunde ist neben dem Schwarzen Meer das größte Brackwassergebiet der Erde und weist daher mancherlei hydrographische und biologische Besonderheiten auf (vgl. S. 40).

Von salzig bis süß

In der Nordsee beträgt der Salzgehalt durchweg mehr als 30 psu. Zur Ostsee nimmt er über das Kattegat und die Belte bzw. den Sund allmählich ab. In der Kieler Bucht misst man 18 psu, bei Warnemünde etwa 10 psu und östlich von Rügen nur noch rund 7 psu. Nach Osten (und Norden) hin sinkt der Salzgehalt noch weiter bis 4 psu bei Finnland. Der Bottnische Meerbusen nördlich der Åland-Inseln enthält praktisch kaum noch Salz.

In den Flussmündungen (Ästuaren) prallen die unterschiedlichen Welten von Salz- und Süßwasser aufeinander, vermischen sich aber nur zögerlich. Salzwasser hat eine höhere Dichte als Flusswasser und ist damit schwerer. Wo beide Wasserkörper aufeinander treffen, kommt es zu Schichtungen mit dem spezifisch schwereren Salzwasserkörper am Gewässerboden. In den gezeitenbeeinflussten Mündungsgebieten (Tideästuaren) an der Nordsee findet ein ständiger Wechsel zwischen Süß- und Salzwasser statt. Nur wenige Pflanzen und Tiere sind an solche extremen Bedingungen angepasst. Daher sind diese Brackwasserzonen artenarm. In den Becken der Ostsee ist die Dichteschichtung weitgehend stabil – als Taucher erlebt man die scharf ausgebildete Grenzschicht zwischen dem salzhaltigeren Tiefenwasser und dem ausgesüßten Oberflächenwasser wie eine Spiegelfläche.

Zu Eis erstarrt

Der Gefrierpunkt des Meerwassers liegt deutlich unter dem des Süßwassers. Meerwasser von 35 psu gefriert bei –1,9 °C, Brackwasser von 10 psu bei –0,5 °C. Im Meer bildet sich keine glatte Eisdecke aus wie auf einem See, weil sich das Wasser ständig durchmischt. Vielmehr bildet sich aus winzigen Eiskristallen zunächst ein Eisbrei und friert dann zu tellerförmigen Schollen zusammen, die man bildhaft als Pfannkucheneis bezeichnet. Bei anhaltender Kälte und ruhiger See vereinigen sie sich zur einheitlichen, allerdings immer unebenen Eisdecke. Kurioserweise ist Meereis fast immer Süßwassereis, weil das Salz beim Erstarren gleichsam ausfriert. Vollständige Eisbedeckungen sind in der westlichen Ostsee selten. Gelegentlich frieren große Buchten sowie die Bodden zu, besonders wenn der Wind Eisschollen hineintreibt.

Oben: Meersalz im Mikroskop

Links: Eisberge im Greifswalder Bodden (Winter 2003)

Gezeiten – ein himmlisches Kräftespiel

Bei einem Teich, Weiher oder See kann man die Wasserstandslinie am Ufer fast zentimetergenau markieren. Innerhalb eines Tages oder einer Woche sind hier im Allgemeinen keine nennenswerten Veränderungen zu beobachten. Am Meer scheitern solche Versuche jedoch, denn man findet hier praktisch keinen Ruhewasserspiegel. Selbst bei idealem Urlaubswetter reichen die Wellenzüge mal höher und mal tiefer auf den Strand – von der wild schäumenden Brandung bei handfesten Sturmwetterlagen einmal ganz zu schweigen. Alle Wellenbewegungen sind Folgewirkungen von Vorgängen in der Erdatmosphäre: Die Luft umströmt die wetterwirksamen Hoch- und Tiefdruckgebiete, und je nach Windgeschwindigkeit äußern sie sich mit sanftem Säuseln oder als tosender Orkan. Wenn der Wind über See geht, nimmt er seinen Weg nicht ganz hemmungslos; er streift die Wasseroberfläche, kräuselt Wellenfronten auf und schiebt das Wasser auf breiter Linie als Welle vor sich her. Bei besonders heftigem Luftzug fliegt sogar der Schaum davon – wie von den Biergläsern in irischen Dorfkneipen.

Der Pulsschlag des Meeres

Wind und Wetter formen die Wellen und halten das Wasser ständig in Bewegung – der Wasser„stand“ ist somit ein momentanes Ereignis. Die „dicke Luft“ eines Hochdruckgebietes wirkt sich messbar auf die Oberflächengestalt des Wassers aus: Eine Luftdruckerhöhung um nur 1 Millibar (= 1 Hektopascal; durchschnittlicher Druck 750 mbar) verursacht im Druckgebiet eine 1 cm tiefe Delle, in die das Meerwasser aus Gebieten niederen Luftdrucks abfließt.

Neben den chaotischen Wellenbewegungen erlebt man an den Küsten weitere Wasserstandsveränderungen: Die Gezeiten mit ihrem eindrucksvollen Spektakel von Ebbe und Flut haben ihre Ursachen nicht in der Atmosphäre, sondern sind das Ergebnis eines himmlischen Kräftespiels. Die Kraftfelder, die zur Ebbezeit größere Wassermengen von der Küste abziehen und mit dem Flutstrom wieder auf sie los lassen, haben tatsächlich astronomische Dimensionen. Isaac Newton erkannte bereits im 17. Jahrhundert, dass dabei die Schwerefelder von Erde, Mond und Sonne zusammenwirken. Das Naturschauspiel Gezeiten, mit einem niederdeutschen Wort als Tiden bezeichnet, ist im Detail ein recht verzwicktes geophysikalisches Phänomen.

Der Mond als Motor

Üblicherweise besteht die Vorstellung, dass der Mond als Trabant die Erde umkreist. Tatsächlich drehen sich Erde und Mond jedoch um eine gemeinsame Schwerpunktachse. Wegen der ungleichen Massenverhältnisse (Erde: Mond = 81:1) befindet sich diese noch innerhalb der Erde, genauer rund 4740 km außerhalb des Erdmittelpunkts. Modellhaft kann man sich diese Drehbewegung als Walzertanz eines schwergewichtigen Möbelpackers mit einem gertenschlanken Mannequin vorstellen.

In der Ostsee fallen die Gezeiten klein aus: Boltenhagen beim Kliff von Klütz Höved

Ein Blick, zwei Zeiten: das Helgoländer Felswatt bei Hoch- ...

... und bei Niedrigwasser

Bei der Drehbewegung treten auf der Erde Fliehkräfte auf, die vom Mond weg gerichtet sind. Ihnen wirkt die Massenanziehung des Mondes entgegen. Auf der mondzugewandten Seite der Erde bleibt als Unterschiedsbetrag eine Gezeiten erzeugende Restkraft übrig. Am Erdäquator wird ein Mensch dadurch um das Gewicht einer Träne leichter als in unseren Breiten. Auf der mondabgewandten Seite der Erde ist die Massenanziehung des Mondes wegen der größeren Entfernung zum Massezentrum geringer. Daher kann sich hier die Fliehkraft aus der gemeinsamen Drehbewegung von Mond und Erde stärker auswirken und ebenfalls eine Gezeiten erzeugende Kraft aufbauen. Die Restkräfte türmen nun auf beiden Erdseiten jeweils einen Flutberg auf. Zweimal täglich geraten also die Küsten in den Flutberg und werden anschließend auch zweimal in ein Ebbetal geschoben. Zu- und wieder abnehmende Gezeitenwasserstände treten daher an den Küsten rhythmisch auf.

Für eigene Flutberge ist das Nordseebecken zu klein – die Tiden der Nordsee entstehen auf dem offenen Atlantik. Die atlantische Gezeitenwelle erreicht nach etwa drei Tagen das Nordseebecken an der Ostküste Schottlands, läuft dann nach Süden, trifft bei Borkum auf die deutsche Küste und bewegt sich als Drehwelle weiter an Weser- und Elbmündung vorbei nach Norden. Dafür benötigt sie rund 3,5 Stunden. Die deutschen Küstenorte haben also niemals gleichzeitig Hoch- oder Niedrigwasser.

Täglich ein neuer Fahrplan

Wenn die Erdrotation eine Küste in den Flutberg hineindreht, läuft das Wasser auf – es ist Flut. Das Steigen des Wassers (Tidenstieg) endet mit dem Hochwasser. Flut ist somit kein

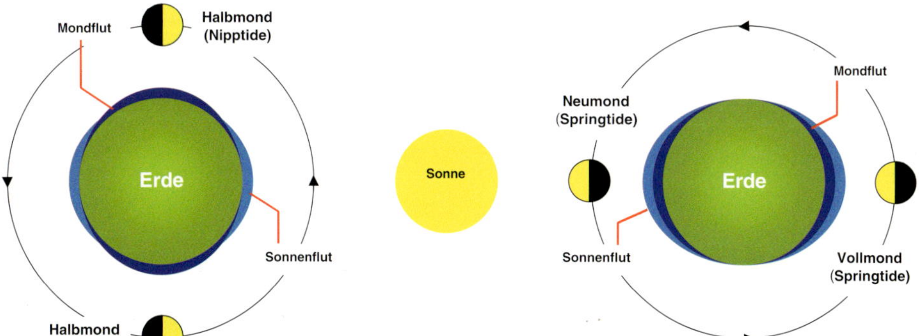

Die Entstehung von Nipp- und Springtide, vgl. Text S. 14

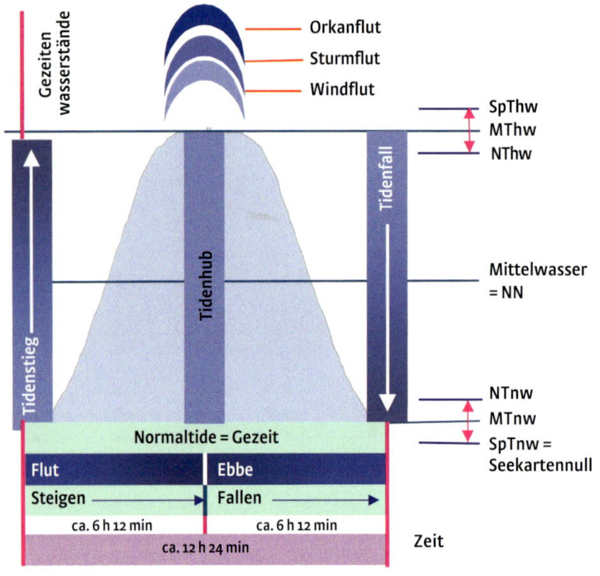

Bei Ebbe auf dem Trockenen: Strandschnecken auf Buhnenpfahl

Zeitpunkt, sondern ein Zeitraum. Während der anschließenden Ebbe fällt das Wasser bis zum Niedrigwasserstand. Zwischen Hochwasser und nächstem Niedrigwasser vergehen durchschnittlich 6 Stunden und 13 min. Eine Gezeit (Tide) umfasst den Zeitraum von einem Hochwasser zum nächsten bzw. von Niedrigwasser zu Niedrigwasser und dauert an offenen Küstenorten 12 Stunden und 25 min. Von Tag zu Tag verspätet sich der Eintritt von Hoch- oder Niedrigwasser somit um rund 50 min, ebenso wie sich die Mondaufgangszeiten täglich verlagern, und tatsächlich ist der Mond auch dafür die Ursache: Er braucht für eine Walzerrunde mit der Erde etwa 28 Tage. Jeder Bezugspunkt der rotierenden Erde muss daher den Mond von Tag zu Tag ein kleines Stückchen einholen, weil er inzwischen 1/28 auf seiner Bahn weitergewandert ist, und braucht dafür eben 24/28 Stunden, entsprechend knapp 50 min. Die Tidenuhr geht also im Wesentlichen nach dem Mond.

In den großen Flussmündungen verschieben sich die Gezeiten zusätzlich durch die Bremswirkung der Flussströmung. In Cuxhaven dauert eine Flut im Durchschnitt 5 h 40 min, die Ebbe entsprechend 6 h 45 min. In Hamburg betragen die entsprechenden Zeiten 5 h 04 min bzw. 7 h 21 min. Für alle wichtigen Küstenorte an der Nordsee kann man die Eintrittszeiten der Gezeiten in einem örtlich erhältlichen Tidenkalender ermitteln.

Ein wenig Tidendeutsch

SpThw *Springtidenhochwasser*
MThw *Mittleres Tidenhochwasser*
NThw *Nipptidenhochwasser*
NTnw *Nipptidenniedrigwasser*
MTnw *Mittleres Nipptidenniedrigwasser*
SpTnw *Springtidenniedrigwasser*

Auch die Sonne ist im Spiel

Im Vergleich zum Mond hat die Sonne eine ungleich größere Masse, ist dafür aber mit rund 150 Mio. km wesentlich weiter von der Erde entfernt. Ihre Gezeiten erzeugenden Kräfte fallen daher schwächer aus, mischen in den Gezeiteneffekten dennoch spürbar mit. Bei Voll- und Neumond befinden sich Mond, Erde und Sonne auf einer geraden Linie, und die

Flut erzeugenden Kräfte summieren sich. Die Folge sind Springtiden mit besonders hohen Hoch- und tiefen Niedrigwasserständen. Während des ersten und letzten Viertels bilden Mond, Erde und Sonne dagegen zueinander ein rechtwinkliges Dreieck. Jetzt verringert sich die Mondflutkraft um die Gezeitenwirkung der Sonne: Die daraus resultierenden Nipptiden bleiben erwartungsgemäß hinter den durchschnittlichen Tidenwasserständen zurück (vgl. S. 13). Mit einer Periode von 14,77 Tagen schwanken die Wasserstände also zwischen den Nipp- und Springtidenniveaus und fallen folglich jeden halben Tag messbar anders aus.

Der Sturm setzt eins drauf

Aus den mit der Präzision einer Maschine ablaufenden Bewegungen von Mond und Erde um die Sonne lassen sich die Gezeiten langfristig vorausberechnen. Der tatsächlich eintretende Gezeitenwasserstand stimmt mit dem berechneten aber oft nicht überein, denn manche Einflüsse wie Wind und Wetter, kann man nicht langfristig vorherbestimmen. Vor allem Wind und erst recht ein stärkerer Sturm können die Gezeitenwasserstände enorm stören. Die Abweichung vom berechneten Wasserstand nennt man Stau. Wind oder Sturm schieben das oberflächennahe Wasser gleichsam als Bugwelle vor sich her und erzeugen eine Strömung gleicher Richtung. Sobald diese auf die Küste trifft, steigt dort der Wasserstand. Unter Wind- oder Sturmeinfluss baut sich somit ein Wasserstandsgefälle von der Küste zur offenen See auf – und damit gleichzeitig ein Druckgefälle, welches das Wasser in Bodennähe wieder zurückfließen lässt. Abhängig von der Kraft des Windes steigt das Wasser an den Küsten bis zum Gleichgewicht zwischen Zustrom und Abfluss. In tiefem Wasser ist der druckbedingte Rückfluss stärker. Daher ist der Stau bei Ebbe relativ größer als bei Flut. Orkanartige Stürme bauen an der deutschen Küste einen Stau von mehr als 3 m. Die bisher höchsten Sturmflutwasserstände wurden im Januar 1976 beobachtet – mit einem Stau von bis zu 5 m. Während der letzten Jahrzehnte laufen die Flutwellen im Durchschnitt um Zentimeterbeträge höher auf, die Niedrigwasser aber nicht in gleichem Maße tiefer ab.

Molen und Tetrapodenwälle wehren schwere Sturmfluten ab.

Mittlere Tidenhübe an der deutschen Nordsee

Küstenort	*Unterschied mittleres Hoch- und Niedrigwasser (in m)*
Helgoland	*2,4*
List auf Sylt	*1,8*
Husum	*3.5*
Büsum	*3.3*
Brunsbüttel	*2,9*
Cuxhaven	*3,0*
Glückstadt	*2,9*
Bremerhaven	*3,8*
Wilhelmshaven	*3.9*
Borkum	*2,4*
Emden	*3,2*

Elemente in Aktion

Wasser, Wellen und Wind sind wesentliche Gestalter von schönem Urlaubswetter, bauen mittelfristig aber auch ganze Küstenlandschaften um. Einflussreiche Kräfte liefern Klima und Wetter. Der deutsche Teil von Nord- und Ostsee unterliegt dem wechselhaften, feuchten Atlantikklima – überwiegend bestimmt das beständige Tiefdrucksystem bei Island das Wetter. Da aber beide Meere im Übergangsbereich zwischen atlantischem und kontinentalem Klima liegen, werden die vorherrschenden Westwinde zeitweise durch tage- bis wochenlange Ostwindlagen verdrängt. Diese kontinentalen Wetterlagen greifen auf die Ostsee öfter über als auf die Nordsee.

Tipp

Der aktuelle Wetterbericht und die Voraussagen finden Sie im Internet.

- *Seewetterbericht: www.dwd.de*
- *Badewetter/Wasser- und Lufttemperaturen, Wasserstand, Wind und Wellen u. a. in Nord- und Ostsee: www.bsh.de*
- *Regionale Vorhersagen: www.wetteronline.de*
- *Ständige Bilder vom Strand: diverse Webcams, z. B. www.kreidefelsen.de*

Sonnenküste – auch im Norden

Die Inseln der Nord- und Ostsee werben vor allem mit dem „ausgesprochen insularen Klima". Was macht das Inselklima eigentlich aus? Auf einen Nenner gebracht: viel Wind, hohe Luftfeuchtigkeit, ausgeglichene Temperaturen, starke Sonneneinstrahlung. Die Unterschiede zwischen Nord- und Ostsee lassen sich so zusammenfassen: Die Zahl der Sommertage (mit mehr als 25 °C, nicht zu verwechseln mit Sonnentagen) liegt an der Nordsee durchschnittlich bei 9–15 und an der Ostsee bei 2 (Kap Arkona) bis 23 (Stettiner Haff) Tagen. Die Wintertage (unter 0 °C) summieren sich auf 32 Tage (Helgoland), 55–73 an den friesischen Küsten und 50–85 an der Ostsee. An Niederschlag fallen im Mittel 900–1000 mm an der Nordsee und 540–800 mm an der Ostsee. Das alles sind Durchschnittswerte.

Meere sind Temperaturspeicher

Im Frühling ist es an der See immer kühler und im Herbst wärmer als im Binnenland, begünstigt durch häufige Großwetterlagen: Im Frühling gelangt über skandinavische Hochdruckwetterlagen nordöstlicher Wind über die kalte Ostsee und bringt der Küste bei schönstem Wetter eisige Temperaturen. Nicht zufällig wurde der Strandkorb an der Ostsee erfunden. Bis weit in den Mai hinein liegen die Temperaturen von Rügen bis zu 10 °C niedriger als im Binnenland. Im Herbst folgt der umgekehrte Effekt: Ost- und Nordsee wirken als Wärmespeicher, und es ist milder als im Binnenland. Typisch für das Küstenwetter ist auch das See-Landwind-Wechselsystem. Als Radfahrer muss man morgens gegen den Seewind zum Strand und abends gegen den Landwind nach Hause strampeln.

Oben: Im Strandkorb lässt es sich auch bei Starkwind gut aushalten.

Rechts: An Blockstrand und Kliff von Staberhuk/Fehmarn nagen die Kräfte des Meeres.

Von Wind und Wellen

Welle auf Welle rollt auf den Strand zu, bäumt sich steil auf, kippt nach vorn über und donnert als brodelnder Gischtberg auf den Strand zu. Wie entstehen eigentlich die Wellen? Und woher kommt bei glatter See die Dünung?

Nicht nur laue Lüftchen

Wind ist eines der wichtigsten Markenzeichen des Seeklimas. Die typischen Küstenlandschaften wie Strand und Dünen hat der Wind geformt. Sogar die Bäume richten ihre Kronen nach der Hauptwindrichtung und verformen sich zu grotesken Windflüchtern. Für die Küstenregionen spielen der Wind und in seinem Gefolge der Seegang eine entscheidende Rolle. Schifffahrt, Fischerei und Küstenschutz sind unmittelbar vom Wind abhängig. Auch die Segler brauchen Wind, und die Badegäste wollen sich in den Wellen tummeln.
Über der Nord- und Ostsee sind Winde aus westlichen Richtungen am häufigsten. Wind weht immer vom Gebiet des höheren zum niedrigen Luftdruck. Die Windrichtung wird nach der Himmelsrichtung definiert, aus der der Wind kommt. Die Windstärke gibt man nach der Beaufortskala von 1–12 an. Windstärke 10 gilt als schwerer Sturm und Windstärke 12 als Orkan. Bei Windstärke 12 endet die Beaufort-Skala, die für schwerste Wirbelstürme allerdings nicht mehr ausreicht. Die Windgeschwindigkeit wird in m/s, km/h oder kn (Knoten; 1 kn = 1 sm/h; 1 sm = 1 Seemeile = 1,852 km = 1 Bogenminute auf dem Meridian) gemessen.

Wie entsteht Seegang?

In unseren Breiten ist der Wind alleiniger Auslöser des Seegangs. Turbulenzen des streichenden Windfeldes verursachen auf einer glatten Seeoberfläche winzige Kräuselungen. Frischt der Wind auf, entstehen kleine, kurze Wellen. Ab Windstärke 3 werden sie von kleinen Schaumkämmen gekrönt, so genannte Hasenpfötchen. Ab Windstärke 6 peitscht der Wind den Schaum von den Wellenkämmen und treibt Gischtfahnen vor sich her. Bei Windstärke 10 haben sich sehr hohe Wellenberge aufgebaut, deren Kämme brechen. Die See „brodelt“ und ist weiß durch Schaum, der in Fetzen über das Meer getrieben wird. Neben der Windstärken-Skala nach Beaufort gibt es eine Seegangsskala mit Angaben von 0–9 je nach Wellenhöhe, -länge und -periode. Als Wellenhöhe gilt der Höhen-

Insel Langenwerder in der Wismar-Bucht mit Ostseewindwatt (vorne links)

Sanfter Wellenschlag – Badeverführung pur

unterschied zwischen Wellental und zugehörigem Wellenkamm. Die Wellenlänge ist der Abstand von einem Wellenkamm zum nächsten. Die Wellenperiode ist der gemessene Zeitabstand zweier aufeinander folgender Wellenkämme.

Wogende Wellen, stürzende Seen

Die Wellenhöhe hängt von Windstärke, Einwirkungsdauer des Windes, Anlaufstrecke und Wassertiefe ab. Ein kurzer Gewittersturm baut keine „Seen" auf, wie man in der Berufsschifffahrt die hohen Wellen nennt. Erst bei längerer Winddauer wächst die Wellenhöhe. Kommt nun noch eine lange Wirkfläche hinzu, ist eine Steigerung möglich. Schließlich spielt auch die Wassertiefe eine entscheidende Rolle. Der stärkste Sturm kann ständig über eine beliebig weite Anlauffläche blasen und erzeugt in einem flachen Gewässer dennoch keine hohen Wellen. Bis etwa 100 m Wassertiefe gilt: Je tiefer das Wasser, desto höher die Wellen. In 5 m tiefem Wasser werden die Wellen kaum 2 m, in 20 m Tiefe können sie schon 5 m Höhe erreichen. Besonders hohe Wellen können gleichsam von oben auf das Schiffsdeck schlagen. Solche Wellenereignisse nennt man Sturzseen. Die Welle bricht, sobald sie Bodenberührung bekommt. Ihre Geschwindigkeit nimmt ab, der Abstand zwischen den Wellen wird kürzer, sie scheint sich aufzubäumen und kippt nach vorne über. Das Brechen setzt dann ein, wenn der Wellenkamm schneller ist als die durch den Meeresboden abgebremste Welle. Der Kamm überholt seine eigene Welle. Den Bereich der Wellenbrecher ist die Brandungszone.

Manchmal donnern selbst bei Windstille und sonst glatter See beachtliche Brecher an den Strand, deren Ursprung nicht erkennbar ist. Diesen Vorgang bezeichnet man als Dünung. Dünungswellen sind die Restwellen eines abgeflauten Sturmes oder aus einem entfernten Sturmgebiet. Ein anhaltender Sturm im Nordatlantik kann selbst in der Nordsee eine starke Dünung bewirken. Besonders eindrucksvolle Dünungsberge sind jeweils an den Westküsten der Kontinente zu beobachten.

Wellendynamik zum Mithören: Krachend schlägt der Brecher zu.

Eine Seenebelwand rückt heran, gleich ist die Orientierung dahin ...

Seltsame Saumeffekte

Nicht nur das Bermuda-Dreieck gibt allerhand Rätsel auf – auch an den Nord- und Ostseeküsten kann man als Urlauber mancherlei ungewöhnliche, aber erklärbare Erscheinungen erleben. Physikalisch hängen sie allesamt mit den komplizierten Wechselwirkungen zwischen Meerwasser und Atmosphäre zusammen, die uns letztlich auch das ganz normale Wetter bescheren.

Seenebel

Wenn warme und feuchte Luft das kalte Seewasser streift, entsteht Seenebel. Die warmen Luftmassen ziehen sich über dem kalten Wasser zusammen, und die Feuchtigkeit kondensiert nun zu Nebel. Diese Wetterlage tritt oft im Frühjahr ein und kann tagelang anhalten. Die ersten warmen Sonnenstrahlen erwärmen die feuchten Äcker und Wiesen, so dass sie sichtbar dampfen. Ein leichter ablandiger Wind aus südlichen Richtungen trägt die laue, feuchte Luft zur See, die hier auf die Front der Kaltluft über dem winterkalten Seewasser stößt. Bei prächtigstem Sonnenschein erreicht man die Küste und steht nun völlig unerwartet vor einer weiß-grauen Nebelwand, die messerscharf am Strand beginnt. Dichter, kalter Seenebel steht über Meer und Strand, die Sichtweite erreicht keine 100 m, und wie in der Waschküche steigen dichte Nebelschwaden auf.

Oft ist der Seenebel örtlich und zeitlich begrenzt. In windgeschützten Buchten über Wattenflächen entstehen besonders starke Temperaturunterschiede zwischen der warmen Luft und dem nassen, kalten Sand. Die Bucht ist in dichten Nebel gehüllt, während einige 100 m weiter an der offenen Küste die pralle Sonne nichts vom Nebel ahnen lässt. Auf See führen unterschiedliche Wassertemperaturen (Kaltwasserblasen, „kalte Eier“) zu eng begrenzten, plötzlich auftretenden Nebelbänken. Im Herbst ist es eher umgekehrt. Bei klarem Himmel kühlt nachts die Luft unter die Wassertemperatur aus. Nun ziehen die warmen Luftmassen vom Meer über das abgekühlte Land. Das Ergebnis ist wiederum Nebel, der dieses Mal über der Küste und landeinwärts, jedoch nicht über dem Meer steht.

Wasserhosen

Ein Wirbelwind, der sich über Wasser austobt, ist eine Wasserhose, eigentlich ein Mini-Tornado. Dieses gespenstische Phänomen ist bei Gewittern und an Wetterfronten zu beobachten. Voraussetzung sind erwärmtes Wasser und eine Gewitterwolke. Die feuchtwarme Luft über dem Wasser wird von der Wolke wie von einem Staubsauger angesogen. Ein gut sichtbarer, trichterartiger grauer Schlauch („Trombe“, ital. von Trompete) reicht von der Wolkendecke bis auf die Wasserfläche und zieht mit den Wolken schnell über das Wasser. Bei starken Temperaturgegensätzen wächst aus einer Wolke ein rasch rotierender, gieriger Rüssel heraus, der hin und her schwenkt und schließlich die Wasseroberfläche erreicht. Trichterförmig wird die Gischt an der Wasseroberfläche hochgerissen – mit Windgeschwindigkeiten bis 150 kn. Der „Spuk“ verschwindet so schnell wie er kam – er dauert höchstens 30 min.

Auch an Massengrenzen von plötzlich auftretender polarer Kaltluft zu warmem Oberflächenwasser bilden sich horizontale Wirbel, die zu Wasserhosen ausarten können. Sie treten mit Kaltfronten meistens im Herbst auf, auch an Nord- und Ostsee. Für Segler und Sportboote sind sie durchaus gefährlich. Ihr Radius ist normalerweise klein – sie erreichen nicht die verheerenden Auswirkungen der Wirbelstürme in der Karibik. Im äußeren Bereich des Trichters treten Windgeschwindigkeiten bis 60 m/s und mehr auf. In solchen Fällen sollte man immer das offene Meer aufsuchen und nie unter Land Schutz suchen! Das Verschwinden von Fahrzeugen im berüchtigten Bermuda-Dreieck muss man gar nicht unnötig mystifizieren – Wirbelstürme sind dazu durchaus fähig.

Gekrümmter Horizont

Nur naive Gemüter glaubten, die Erde sei eine flache Scheibe. Schon im Altertum war den Naturkundigen die Kugelgestalt der Erde vertraut. Immerhin konnte man bei Mondfinsternissen immer einen kreisrunden Erdschatten sehen. Außerdem war schon früh bekannt, dass sich der Polarstern in nördlicheren Gebieten höher am Himmel zeigt, oder dass bei Rei-

Bei sehr guter Fernsicht kann man die Horizontkrümmung sehen.

Wasserspiegel: Manchmal zeigen sich auch Luftspiegelungen.

sen in südliche Richtung neue Sternbilder am Horizont auftauchen. Als Galileo Galilei das astronomische Fernrohr erfunden hatte, konnte man die Kugelgestalt auch der übrigen Planeten sogar direkt beobachten. Heute zeigen uns Fotografien aus dem erdnahen Weltraum die ebenmäßig erscheinende Krümmung der Erdoberfläche. Neue genaueste Messungen zeigen die Erde keineswegs als gleichförmige, an den Polen leicht abgeflachte Kugel, sondern recht unregelmäßig wie eine Kartoffel: In manchen Meeresgebieten verläuft die Wasseroberfläche um mehr als 100 m unterhalb der geometrischen Ideallinie.
An der Küste mit freier Sicht auf den weiten Horizont kann man die Krümmung der Erdoberfläche auch direkt wahrnehmen. Bereits vor Jahrhunderten war bekannt, dass man von einem Richtung Hafen segelnden Schiff zuerst die Mastspitzen bemerkt – es taucht also buchstäblich aus dem Nichts hinter dem Horizont auf.
Mit ein wenig Geometrie kann man aus dem durchschnittlichen Erdradius (6 378 160 m) bzw. Erdumfang (40 075 161 m) nachrechnen, dass bei einer Sichtweite von etwa 20 km ein Objekt in dieser Entfernung erst dann die Horizontlinie überragt, wenn es knapp 38 m hoch ist. Unter dieser Voraussetzung und bei einem Sehfeld von 90° sieht man den Horizont als einen Bogen von 40 km Weite. Mit Peilhilfe, z. B. der linealgeraden Kante dieses aufgeschlagenen Buches in 1 m Abstand vor den Augen, sieht man davon eine Wölbung, die die waagerecht angelegte Peilkante um etwa 0,3 mm überragt. Besser ist die Horizontkrümmung allerdings zu erkennen, wenn man als Peilhilfe eine Messlatte von mehr als 1 m Länge verwendet.

Fata Morgana im Watt

Die bodennahen und höheren Luftschichten weisen oft unterschiedliche Temperaturen auf, und damit sind – zumindest im unteren Teil der Atmosphäre – auch gewisse Dichteunterschiede verbunden. Sie sind letztlich dafür verantwortlich, dass sich an den Schichtgrenzen eigenartige Spiegeleffekte zeigen. In 30 °C warmer und deswegen dünnerer Luft ist die Lichtgeschwindigkeit etwa 7 % schneller als in Luft von 10 °C. Dieser geringe Unterschied reicht jedoch aus, um einen Lichtstrahl, der flach in die dünnere Luftschicht eintritt, ein wenig abzulenken oder sogar zu spiegeln. So entsteht beispielsweise der Eindruck glitzernder Wasserpfützen auf der sonnendurchglühten Autobahn oder das hauchdünne Spiegelbild eines noch weit entfernten Waldstücks. Auch vorausfahrende Autos erscheinen gespiegelt. Ihr Fahrtwind verwirbelt zwar die reflektierende Luftschicht, aber der heiße Straßenbelag baut sie sofort wieder auf.

Sonnenuntergang über dem Wattenmeer bei Neuwerk

liegt. Da oft mehrere spiegelnde Luftschichten direkt übereinander liegen, kann das Bild etwa von hohen Gebäuden wie Leuchttürmen oder Kirchen auch aufrecht und seitenrichtig erscheinen.

Vergleichbare Effekte zeigen sich an warmen Tagen auch an der Küste, beispielsweise mit dem ausgefranst erscheinenden Rand der untergehenden Sonne. Sie ist übrigens – wenn man sie so fetzig „im Meer versinken" sieht – schon mehr als 8 min lang weg, denn so lange braucht das Licht, um den Abstand von 150 Mio. km zu überwinden. Nähert man sich von See her der Küste, sieht man die Küstenlinie ebenfalls schon weit im Vorfeld, selbst wenn sie eigentlich noch unter dem Horizont

Treibsand

Das Thema ist mindestens so alt wie die Filmgeschichte: Der Held gerät auf losen Sand, sinkt ein, verschwindet unaufhaltsam in die Tiefe, und nur ein kleiner Strudel kündet wenig später von seinem herben Schicksal. Realistisch?

Außer in Hollywoodstudios findet man Treib- oder Quicksand an den Mündungen größerer Flüsse oder am Strand in der Nähe größerer Priele, wo die Strömung Wasserlöcher bildet, die sich teilweise mit Sand füllen. Sobald sich genügend Wasser zwischen den Sandkörnern befindet, können diese eine schwere Auflast nicht mehr tragen, und folglich sinkt man ein. Im Unterschied zum Filmdrehbuch wird der lockere Sand Sie jedoch nicht nach unten ziehen. Sollte man in ein solches teigiges Loch mit Sand-Wasser-Gemisch geraten, ist Panik unnötig. Man legt sich vorsichtig auf den Rücken und versucht, mit langsamen Bewegungen festeren Grund zu erreichen.

Rippelmarken sind ein Zeichen für festen Wattboden, auf dem man gut laufen kann.

Zwischen Marsch und Moränen

Die gesamte norddeutsche Küstenlandschaft ist ein direktes Erbe der Eiszeit. Von den heute zehn bekannten Kalt- (Glaziale) und Warmzeiten (Interglaziale) waren nur die letzten beiden Glaziale mit ihren Vereisungen besonders landschaftswirksam. Während die Eismassen am Entstehungsort (Nährgebiet) bis 5000 m mächtig waren, betrug ihre Dicke an den Eisrandlagen (Zehrgebiet) im heutigen Mecklenburg-Vorpommern, Schleswig-Holstein und Niedersachsen immerhin noch rund 300 m. Wegen der Höhenunterschiede waren die Gletscher ständig in Bewegung und glitten in südlicher Richtung ab – etwa um 30 cm je Tag.

Der Gletscher setzt den Hobel an

Fließende Gletscher nahmen im Sohlenbereich mengenweise Lockermaterial mit und überzogen das Land mit einer mächtigen Grundmoränendecke. Die Gletscherstirnseiten verschoben ebenfalls Gesteinstrümmer – vergleichbar der Materialbewegung einer Planierraupe. Deren Ablagerungen nennt man Satzend- oder Stauchmoränen. Sie bauen stellenweise markante Höhenzüge bis über 100 m auf. Die

Rotes Kliff bei Kampen/Sylt

Findlinge oder erratische Blöcke sind besonders große Gesteinstrümmer aus den Gletschergeschieben – ihre Schrunden und Schrammen dokumentieren den Transport über mehr als 1000 km.
Aus der girlandenartigen Aufreihung der Endmoränen lassen sich die früheren Eisrandlagen rekonstruieren. Die Gletscherzungen der Saale-Eiszeit reichten bis an den Mittelgebirgssaum. Nach der Entstehungszeit nennt man die betreffenden Landschaftsteile Altmoränengebiet oder Hohe Geest. In Schleswig-Holstein umfasst sie nur einen vergleichsweise schmalen Streifen von etwa 20 km. In Niedersachsen reicht sie dagegen von der heutigen Innenküste bis 170 km weit nach Süden.
Die Eisränder der Weichsel-Eiszeit haben dagegen die Elbe nicht mehr überschritten. Ihre hügeligen Endmoränen finden sich daher als Jungmoränenland nur im Osten Schleswig-Holsteins sowie in Mecklenburg-Vorpommern.

Landschaft aus Lockermassen

Mit den Moränen sind die Eiszeitwirkungen noch nicht erschöpft. Auch während der Glaziale tauten die Gletscher im Randbereich ständig ab – unter dem gewaltigen Druck der Eislast ebenso wie durch die wärmende Sonne im eiszeitlichen Sommer. Zeitweise brachen daher aus den Gletscherrändern reißende Schmelzwasserbäche vor, schwemmten Feinmaterial aus den Moränen ab und lagerten es im Vorland als so genannte Sander wieder ab. In Schleswig-Holstein bilden die Sander ein geschlossenes, in Nord-Süd-Richtung ziehendes Band zwischen dem östlichen Jung- und dem westlichen Altmoränenstreifen. Man nennt diese Landschaft auch Niedere Geest oder Sandergeest. Wo sich die Schmelzwasserbäche zu größeren Flüssen bündelten, entstanden breite, flache Talauen, die Urstromtäler – eindrucksvoll zu sehen beispielsweise an Elbe und Eider. Die vollständige „glaziale Serie" umfasst in der heutigen Landschaft also mehrere eiszeitlich geprägte Landschaftselemente mit Endmoränen, Sander, Urstromtal und Grundmoränen. Vielfach haben die Schmelzwasserströme die Moränendecke in einzelne Inseln oder Rücken zerlegt. Sie heißen in der heutigen Landschaft „Holm“ (Stapelholm) oder „Horst“ (Grevenhorst).

Wechselhaft: Kalt- und Warmzeiten

Beginn Eiszeitalter	*vor ca. 2 Mio. Jahren*
Elster-Eiszeit	*350 000–250 000*
Holstein-Warmzeit	*250 000–235 000*
Saale-Eiszeit	*235 000–125 000*
Eem-Warmzeit	*125 000–115 000*
Weichsel-Eiszeit	*115 000–12 000*
Nacheiszeit	*seit 12 000*

Die Marsch als Zugabe

Mit dem nacheiszeitlichen Vorrücken der Nordsee bildeten sich vor der Hohen Geest breite Uferstreifen, in denen Wellenschlag und Tideströme das abbröckelnde Altmoränenmaterial umlagerten – eindrucksvoll zu sehen am Roten Kliff von Sylt oder am Gotingkliff auf Föhr. Andererseits setzten sich feine und feinste Bodenteilchen ab. So entstand der breite Marschengürtel. Die Marsch ist also ehemaliges Watt. Bedeichtes Marschland, im Westen Polder und im Norden Koog genannt, ergibt außerordentlich fruchtbare Böden. Nördlich der Elbe wurde ein großer Teil des ausgedehnten Marschengürtels durch schwere Sturmfluten wieder zerschlagen (vgl. S. 18). Geblieben sind einzelne Marscheninseln wie Nordstrand und Pellworm sowie die zehn Halligen von Oland über Hooge und Langeneß bis Südfall. Große Teile von Sylt, Amrum und Föhr bestehen dagegen aus Geestkernen, an die sich Marschland (Sylt, Föhr) oder mächtige Sandkörper (Amrum, Sylt) angelagert haben.

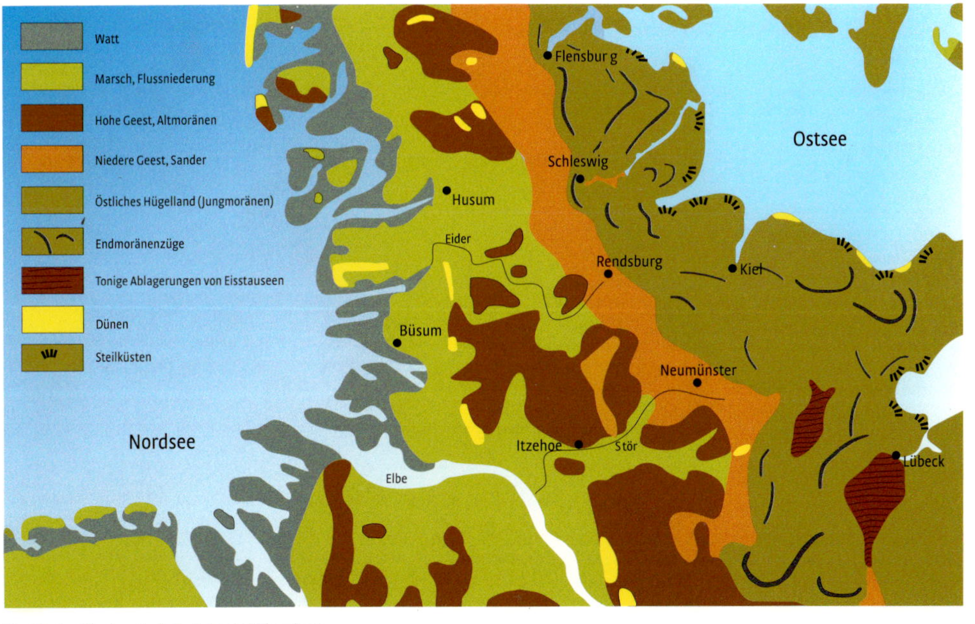

Die Küstenländer sind ein Erbe der Eiszeiten.

Nordseeküsten: Ständig auf dem Rückzug

Der Vergleich einer aktuellen mit einer historischen Landkarte ist immer besonders aufschlussreich. Abgesehen von der ständig verbesserten Wiedergabe der Landschaft im Kartenbild, wie ihn etwa die amtlichen Messtischblätter (Maßstab 1:25000) zeigen, bilden sie auch die enormen Flächenveränderungen ab, die der wirtschaftende Mensch vornimmt, indem er Fließgewässer begradigt, Siedlungsgebiete errichtet oder das Verteilungsmuster von Ackerfluren und Waldbeständen umbaut. Trotz solcher zum Teil erheblicher Umgestaltungen der Kulturlandschaft bleibt die Topografie jedoch im Wesentlichen erhalten. Im Küstenraum stellen sich die Dinge völlig anders dar.

Ein Blick zurück

Auch hier verzeichnen die Landkarten zwar einen einigermaßen liniengenauen Verlauf der Festlandgrenze gegen das Meer, aber dieser gegenseitige Kontaktsaum befindet sich unaufhörlich im Umbau: Steter Tropfen höhlt bekanntlich den Stein, und erst recht fetzt die Wucht der Brandung vom Festland immer wieder Stücke weg, portionsweise und periodisch oder fallweise auch episodisch mit größeren Landverlusten. Die Grenzmarken des landfesten Gebietes sind also keineswegs für alle Ewigkeiten räumlich fixiert, sondern weichen immer weiter zurück. Wann sich das Meer den nächsten Uferstreifen holt, ist nur eine Frage der Zeit. Die jüngere Geschichte der Nordseeküsten liefert dafür höchst eindrucksvolle Schaustücke.

Die Welt der Halligen entstand durch Ab- und Umbau.

Küsten sind Momentaufnahmen

Auch in geologischer Vergangenheit verlief die Nordseeküste durchaus nicht (immer) dort, wo wir sie heute sehen. In der Tertiärzeit, während der letzten ca. 20 Mio. Jahre, gab es mehrfach weite Meeresvorstöße eines Nordseevorläufers bis in das Gebiet der Niederrheinischen Bucht – ablesbar an den mächtigen Ablagerungen grauer mariner Sande über den Braunkohleflö-

An der Küste ist nichts von Dauer.

Tiefe Wattrinnen bündeln die kleinen Priele.

zen, die westlich von Köln abgebaut werden. Aachen, Bonn und Düsseldorf wären damals empfehlenswerte Adressen für einen Küstenurlaub gewesen. Während der Eiszeiten waren dagegen riesige Wassermassen in den Eiskappen gebunden. Entsprechend sank der Meeresspiegel um etwa 120 m. Das Gebiet des heutigen Großbritanniens konnte man damals vom kontinentalen Europa trockenen Fußes erreichen, die Themse war ein linker Nebenfluss des Rheins, und die Küstenlinie befand sich bei der Doggerbank – inmitten des heutigen Nordseebeckens.

Die Flutstände reichen bis in die Salzwiese.

Anstieg und Aufstieg

Auf dem Höhepunkt der letzten großen Vereisung (Weichsel-Eiszeit), die vor etwa 12 000 Jahren endete, lagen Skandinavien und der Ostseeraum unter rund 3000 m Packeis, was einer Flächenbelastung von annähernd 3000 t/m² entspricht. Das Abschmelzen der Eisschilde ließ weltweit den Meeresspiegel wieder ansteigen, womit sich die Küstenlinie wieder auf ihr ehemaliges Terrain verlagerte. Gleichzeitig ergab sich damit eine beträchtliche Druckentlastung: Skandinavien steigt seither langsam, aber messbar auf. Die Achse dieser andauernden Kippbewegung verläuft mitten durch das dänische Jütland. Damit sinken also die schleswig-holsteinischen und die dänischen Küstengebiete sowie die westliche Mecklenburger Bucht ebenso ab wie das weiter westlich gelegene niederländische Tiefland, während die Ostseeküsten weithin in gleichem Maße aufsteigen.

Lahnungen und Grüppen in Nordfriesland

Zwischen Inseln und Festland

Als Ergebnis einer recht dynamischen geologischen Geschichte wird die heutige Nordseeküste von Texel bis Fanø von einem 450 km langen Inselbogen begleitet, dessen Seeseite die so genannte Außenküste bildet. Unterbrochen ist er nur vor der Weser- und Elbmündung. Dazwischen liegen jedoch Neuwerk und Scharhörn sowie das erst 1989 als Vogelinsel künstlich aufgespülte Nigehörn. Zwischen dem Inselbogen und der eigentlichen Innenküste erstreckt sich von den Niederlanden bis nach Dänemark ein 5–20 km breites Watt – mit fast 7500 km² Fläche das größte Wattgebiet der Welt. Unter Watt versteht man das gesamte Auftauch- oder

Aufbau durch Abbau

Die Folgen sind dem Kartenbild und der jüngeren Geschichte der Küstenregionen zu entnehmen. Die Außenflanke der dänischen Inseln Fanø und Rømø, der nordfriesischen Inseln Sylt und Amrum, der Außensande Japsand, Norderoog- sowie Süderoogsand und der Halbinsel Eiderstedt verdeutlicht, wo noch im 13. Jahrhundert die Festlandküste verlief. Schwerste Sturmfluten, darunter die berüchtigte „Manndränke“ von 1362, zerschlugen die damals schon bedeichten friesischen Uthlande – Nordfriesland wurde zu großen Teilen in Inseln und Halbinseln zerschlagen. Weitere katastrophale Fluten (1634, 1717–1720, 1825) brachten zusätzliche Landverluste. Die nordfriesischen Inseln gehören damit zum Typ der kontinentalen Abgliederungsinsel.

Ganz anders erklärt sich die Entstehung der west- und ostfriesischen Inseln, die sich vom niederländischen Texel bis Wangerooge wie Perlen auf einer Schnur aufreihen. Sie stellen jüngere Sandablagerungen und damit aktive Aufbauformen dar. Wie sehr auch diese Inselkörper sich in Raum und Zeit verändern, zeigen z. B. die Inselkarten von Juist (vgl. S. 119), wobei die Lage der alten und neuen Inselkirchen die Fixpunkte zur Abschätzung der Sandkörperverlagerungen bietet.

Vorlandanschlickung

An vielen Stellen im Deichvorland strebt man eine technisch gestützte Sedimentation und Landgewinnung durch Anschlickung an. Zur Strömungsberuhigung und um das Absetzen der leichteren, tonigen Partikel aus den Tidewasserströmen zu erleichtern, errichtet man so genannte Lahnungsfelder von jeweils etwa 200 × 200 (–400) m Abmessung. Die einzelnen Lahnungen bestehen aus einer doppelten Pfahlreihe, die man mit Nadel- oder Laubholzreisig (Faschinen) füllt und mit Spanndrähten sichert. In den strömungsberuhigten Lahnungsfeldern kann die Aufschlickung bis 20 cm pro Jahr betragen. Zum besseren Wasserablauf werden die jungen Schlickflächen innerhalb der Lahnungen maschinell von etwa 1 m breiten Entwässerungsgräben (= Grüppen) durchzogen und der Aushub dazwischen abgelagert. So entsteht ein geometrisch gleichförmiges Muster von Gräben und Beeten.

Ein wenig Wattdeutsch

Wattrinnen, über die sich das Meer bei Ebbe zurückzieht und bei Flut zurückströmt, nennt man Priele oder Baljen. Aus der Luft sehen sie wie das fein verzweigte Geäst eines Baumes aus. Zwischen den Inseln sind sie besonders tief und bilden hier das Fahrwasser für die Schifffahrt. In Nordfriesland nennt man sie Aue, Hever oder Tief, in Ostfriesland dagegen Seegat oder Till. Den genauen Verlauf markieren in den Wattboden gerammte, mit Farbkennungen versehene Stangen oder unbezeichnete Birkenstämmchen, die Pricken. Wo der Ebbe- oder Flutstrom über das Sandwatt oder das besonders feinkörnige Mischwatt streicht, bilden sich im Boden merkwürdige und fast wie moderne Grafik, verbogenes Wellblech oder Waschbrett aussehende Formen aus – die Rippelmarken oder Wellenfurchen. Sie entstehen durch komplizierte physikalische Wechselwirkungen zwischen strömendem Wasser und halbfestem Wattboden. Nur Wattflächen aus zähem Schlick, in denen die Stiefel garantiert stecken bleiben, zeigen sich ziemlich flach und glatt.

Wechselflutgebiet zwischen Hoch- und Niedrigwasserlinie. In einem Felswatt – wie rund um die Insel Helgoland – besteht der Wattboden aus festem Gestein. Beim Sand- oder Schlickwatt ist er dagegen locker und weich. Entsprechend unterscheidet man in der Küstengeographie Hart- und Weichbodenküsten.

Deichen oder Weichen

Schon seit Jahrhunderten schützen die Menschen an der Küste ihr Land mit Deichen. Früher galt der Deichbau in erster Linie der Landgewinnung. Den abgedeichten ehemaligen Meeresboden kann man nach einiger Zeit landwirtschaftlich als Acker oder Weide nutzen. Da sich der Nordseeboden ständig absenkt und das Flutwasser entsprechend höher aufläuft, müssen die Deiche von Zeit zu Zeit erhöht werden. Damit die Sturmflutströme die aufgeschütteten Deiche nicht abtragen, sind sie von Gras bewachsen. Ständige Beweidung hält dieses Gras kurz und dicht und sichert so die Standfestigkeit des Deichs: Das erklärt die vielen Schafe auf dem Deichgrünland. Etliche abgedeichte Gebiete liegen heute sogar viele Meter tief unter dem Meeresspiegel. Der tiefste landfeste Punkt der Bundesrepublik ist die Wilstermarsch am rechten Elbufer. Ohne Deich stünde das Nordseewasser hier 1,3 m hoch.

Aus vielen kleinen Prielen bildet sich ein großer Wattstrom.

Gewässergeschichte der Ostsee

Die Erdgeschichte der Ostsee ist so alt wie Europa selbst. Ihre derzeitigen Küsten sind allerdings erst in geologisch jüngerer Zeit geformt worden. Mehrmals schoben sich mächtige Eisschichten von Norden aus über die norddeutsche Tiefebene. Sie haben die ursprünglichen Hochgebirge Skandinaviens auf Mittelgebirgsmaße abgeschliffen und Unmengen Schotter und Steine nach Süden transportiert. In Norddeutschland lebt man also streng genommen auf skandinavischem Boden (vgl. S. 24).

Drama in sechs Akten

Die jüngere Geschichte der Ostsee unterteilt man in sechs Stadien, die sich vor allem im Salzgehalt unterscheiden. In verhältnismäßig kurzen Zeitabschnitten fanden mehrfach Wechsel zwischen Meer-, Brack- und Süßwasser statt, je nach den Verbindungen der Ostsee mit dem Atlantik und den Süßwasserzuflüssen. Zunächst sammelte sich Schmelzwasser in den großen Becken und bildete den Baltischen Eis(stau)see. Er hatte noch keine Verbindung zu Nordsee bzw. Atlantik und war mit Süßwasser von tauenden Gletschern gefüllt. An der flachsten Stelle, der mittelschwedischen

Birnbäume am Kliff des Saaler Ufers (Mönchgut)

Hohe Düne bei Prerow: Blick über den Bodden mit dem Prerowstrom

Senke südlich von Stockholm, lief der See über und in die Nordsee. Gleichzeitig stieg der Meeresspiegel an und lag schließlich höher als der Baltische Eissee. Über den gleichen Weg drang daher vor etwa 10 000 Jahren salziges Nordseewasser ein, und die Ostsee wurde mit Meeres- und Brackwasserarten besiedelt. Nach einer kleinen Muschel, *Yoldia arctica,* bezeichnet man diese Phase als Yoldia-Meer. Da sich Land hob, weil das abschmelzende Eis den Druck minderte, wurde der mittelschwedische Zugang zum Atlantik wieder verschlossen. Die Folge war eine Aussüßung mit Einwanderung von Süßwasserarten.

Muscheln und Schnecken schreiben Geschichte

Die Meeresmuschel *Yoldia* verschwand wieder, und ihre Rolle als Leitart übernahm die kleine Flussnapfschnecke (*Ancylus fluviatilis*). Wiederum füllten Flüsse den Süßwassersee bis zum Überlaufen, dieses Mal an der Darßer Schwelle zwischen Falster und Fischland über die Kadetrinne in die heutige Mecklenburger und Kieler Bucht sowie die Dänischen Straßen.
Noch einmal wiederholte sich dieser Vorgang. Der Meeresspiegel stieg, und Salzwasser nutzte den Weg an der Kadetrinne. Erneut drang Meerwasser in die Ostsee ein. In dramatisch kurzen Etappen kam es innerhalb von 600 Jahren (7900–7300 vor heute) zum Anstieg des

Kreideküste der Halbinsel Jasmund (Rügen) beim Kolliker Ufer

Wasserspiegels um 15 m, d. h. um 2,5 m pro Jahrhundert. Vor 5700 Jahren erreichte der Meeresspiegel etwa das heutige Niveau. Wieder drang Salzwasser in die Ostsee ein. Da die Verbindung zur Nordsee immer noch schmal und relativ flach ist, blieb der Salzwasserzufluss gering, und es entstand ein Brackwassermeer mit geringem Salzgehalt – nach der Strandschnecke (*Littorina littorea*) als Littorina-Meer bezeichnet.

Migranten seit Jahrtausenden

Ab etwa 2000 vor heute folgte eine leichte Aussüßung des Ostseewassers, die auf eine Anhebung der Schwellen in den Dänischen Straßen (Großer und Kleiner Belt, Öresund) und den geringeren Zufluss von Nordseewasser zurückgeht. Damit weicht auch die Strandschnecke etwas nach Westen zurück – sie kommt östlich nur noch bis Rügen vor. Die nachfolgende Epoche wurde wieder nach einer Süßwasserschnecke, der Schlammschnecke (*Lymnaea ovata*), benannt, die nun in weite Teile der Ostsee einwanderte. Das derzeitige Stadium heißt Mya-Meer nach der Sandklaffmuschel (*Mya arenaria*). Sie kam wahrscheinlich mit den Wikingern vor Kolumbus aus Nordamerika zu uns, eine marine Art, die aber Brackwasser mit niedrigem Salzgehalt toleriert und heute bis in den Bottnischen Meerbusen vorkommt.

Jüngste Veränderungen

Neben den Veränderungen durch die Tätigkeit von Wind und Wellen wirkt das uralte Spiel von Wasserspiegelanstieg und Landsenkungen oder -hebungen auf die Küsten ein. Die größten Hebungen des Landes liegen gegenwärtig bei knapp 1 m/100 Jahre an der schwedischen Küste des Bottnischen Meerbusens. Die dem entgegengesetzte Landsenkung im Gebiet der Mecklenburger Bucht beträgt etwa 10–15 cm im Jahrhundert.

Kap Arkona im Winter

Küstenformen an der Ostsee

Den Norden der Ostsee, Skandinavien bis Estland, säumen Felsküsten, den Süden von Riga bis Flensburg Ausgleichsküsten. Die Felsküste ist recht statisch, die junge Ausgleichsküste verändert sich dagegen unter der Wirkung von Wind und Wellen.
Insgesamt ist die Ostseeküste etwa 7000 km lang. Davon entfallen 889 km auf den deutschen Teil. Hinzu kommt eine innere Küste mit zusammen fast 1400 km Buchten, fallweise Förden, Bodden, Haffe oder Wieken genannt. Der deutsche Anteil zählt somit zu den abwechslungsreichsten Küsten der Ostsee – mit Steilküsten aus gelbem Lehm oder weißer Kreide, Sandstränden, Dünen, mächtigen Blöcken, Salzwiesen und Küstenwäldern.

Nicht nur Strand

Küste ist die Landschaft im Übergangsbereich zwischen Meer und Land. Sie schließt den gesamten vom Meer beeinflussten Raum ein und besteht aus Ufer und Schorre. Zum Ufer gehören Strand, Düne und Salzwiese, zur Schorre die Flachwasserzone. Das Salzwasser bestimmt die natürliche landseitige Ufergrenze. Die amtliche Grenze legt der Küstenschutz fest, gegebenenfalls mit der Deichhöhe. Sie liegt bei einem anzunehmenden Sturmflutwasserstand, der sich in Mecklenburg-Vorpommern am Jahrhunderthochwasser vom 13. Nov. 1872 orientiert. Seeseitig liegt die Küstengrenze im Bereich der Wellenbrecher. Im Vergleich zur Nordsee ist die Ostseeküste schmal, weil ihr die weiten Wattengebiete fehlen.

Land bricht ab, Land entsteht

Mit dem schnellen Anstieg des Meeresspiegels begann der Küstenausgleich. Die nacheiszeitliche Moränenlandschaft ertrank; aus Flusstälern und Gletscherzungenbecken entstanden Buchten, aus Hügeln Inseln oder Halbinseln.

Die Bessine auf Hiddensee, typische Hakenbildungen einer Ausgleichsküste

Später bildete sich eine stabile Küstenlinie aus. Nun begannen Wind und Wellen ihre formende Tätigkeit. Vorsprünge wichen zurück, Buchten wurden aufgefüllt. Nehrungen riegelten Buchten vom offenen Meer ab: Im Idealfall entstand eine ausgeglichen gerade Küstenlinie, wie man sie an weiten Teilen der polnischen Ostseeküste antrifft.
Auch die deutsche Ostseeküste gehört durchweg zum Typ der Ausgleichsküste. Ihre einzelnen Abschnitte unterscheiden sich im Grad des Ausgleichs. Die Fördenküste Schleswig-Holsteins weist noch Züge des ursprünglichen eiszeitlichen Reliefs auf, während der Ausgleich an der vorpommerschen Boddenküste weit fortgeschritten ist.

Wind und Wellen

Wuchtig rollen die Wellen gegen die Küsten. Entscheidend ist dabei die Länge des Seeraumes davor. In der Kieler- und Mecklenburger Bucht ist er klein. Dagegen befindet sich vor Rügen weites Seegebiet, auf dem Stürme aus Ost und Nordost eine „lange See" aufbauen können. Beim voll ausgereiften Seegang entstehen in der Ostsee durchschnittliche Wellenhöhen von 4,5 m und maximale von fast 9 m. Wellen, die ungebremst auf die Kreideküste und Moränenhügel von Rügen und Hiddensee prallen, tragen hier etwa 34 m pro Jahrhundert ab. Zu den Verlustgebieten gehören außerdem der Usedomer Streckelsberg und die Steilküste Stolteraa bei Warnemünde, Klütz Höved, das Brodtener Ufer und Staberhuk. Die vom Abbruch am meisten betroffenen Küsten zählen zu den urtümlichsten und schönsten Abschnitten der deutschen Ostsee.

Küstenformen

Die Ausgleichsküste mit ihren Steil- und Flachküsten weist unterschiedliche Küstenformen aus. An der Außenküste wechseln die Block-

Schieflage durch Eispressung: Schichten am Brodauer Ufer (Lübecker Bucht)

strände aktiver Kliffs mit den Sandstränden an Nehrungen ab, an den inneren Küsten kommen Salzwiesen und Schilfgürtel vor. Zwar fehlt der südlichen Ostsee eine Felsküste, doch haben die Gletscher skandinavische Felsen in den Süden transportiert, wo sie als Blöcke am Strand oder auf der Schorre liegen. Zwischen Königsstuhl und Lohme auf Rügen kommen Blockgrößen bis 27 m³ vor. Mit seinen 61 m³ ist der Siebenschneiderstein am Gellertort (Halbinsel Wittow) noch eindrucksvoller.
Natürliche Sandstrände mit Dünenbildungen und reicher Vegetation findet man nur noch in Schutzzonen. Stellenweise haben Sturmfluten oder Eisschub Steinwälle aufgeworfen (z. B. Wallnau, Fehmarn). Berühmt ist der „Heilige Damm" nahe des gleichnamigen Ostseebades. Er wurde in einer Nacht „errichtet" und schloss die vorher offene Konventer Niederung vom Meer ab.

Vielfalt der Küstennatur

Von den Lebensräumen des Festlandes kennt man die übliche Zuweisung: Die Pflanzen sind ortsfest im Boden verwurzelt, während die Tiere auf zwei oder mehr Beinen einen meist nennenswerten Aktionsradius haben. Im Vergleich dazu erweist sich das Meer als eine völlig verkehrte Welt: Hier finden sich aus den unterschiedlichen Verwandtschaftsgruppen festgewachsene Einzeltiere oder Tierkolonien, andererseits aber auch frei umherdriftende Pflanzen von respektabler Abmessung.

Wohnen auf dem Sägetang: Sternseescheiden, Posthörnchenwürmer, Polypenkolonien und Moostierchen

Flache Grübchenschnecke unterwegs auf dem Sägetang

Prinzip Unordnung

Während in einer Wiese oder im Garten die Organismen schön sortiert nebeneinander leben und es allenfalls im Wald die eine oder andere Art auf die Bäume treibt, geht es in den Lebensgemeinschaften des Meeresbodens buchstäblich drunter und drüber: Pflanzen besiedeln Tiere, und Tiere verankern sich auf Pflanzen. Daneben gibt es natürlich auch noch dauerhafte Pflanze-Pflanze-Wohngemeinschaften und – fast so wie bei den Bremer Stadtmusikanten – fest gefügte Tier-Tier-Assoziationen.

Aufsässige Arten

Den Aufwuchs auf anderen Lebewesen nennt man üblicherweise Epiphyten oder Epizoen. Da begrifflich nicht (immer) klar zu entscheiden ist, ob ein Epiphyt eine auf einem Tier(gehäuse) wachsende Alge oder eine am Tang verankerte Tierkolonie ist, geht man zunehmend dazu über, nur noch die Positionsbezeichnungen zu verwenden: Epiphytisch bedeutet dann, dass eine beliebige Art auf einer Trägerpflanze siedelt, während epizoisch den Wuchsplatz Tier meint.

Safari auf dem Sägetang

Fast jeder Blasen- oder Sägetang, den man zur Hand nimmt, ist somit nicht nur eine definierte Braunalgenart, sondern ein artenreich bestückter Kleinlebensraum. Im Arteninventar fallen die weißen, wie winzige Schneckenhäuser aussehenden Wohnröhren des Posthörnchenwurmes auf. Daneben zeigen sich die eigenartig filzigen Beläge der Moostierchen, die prächtig getarnte Stielqualle und steifborstige Polypenstöckchen.

Noch länger würde das Artenregister, wenn man in die mikroskopische Dimension abtaucht: Was sich der tastenden Fingerkuppe nur als schleimiger Belag mitteilt, ist in Wirklichkeit eine höchst diffizile Lebensgemeinschaft aus Wimpertieren, Amöben, Sauginfusorien, Cyanobakterien, Pilzfäden und zahlreichen Kleinsttieren.

Jeder Teilbereich, den man sich darauf hin etwas genauer anschaut, erweist sich so als arten- und typenreich besetzt – größere, am Strand liegende Steine ebenso wie die kleine Miesmuschelbank. Die nachfolgenden Doppelseiten nehmen einige besonders faszinierende Lebensgemeinschaften etwas genauer in den Blick – von den grazilen Gestalten des Planktons über die Tang- und Flechtengürtel bis zu den interessanten Spülsäumen und den Kontaktlebensräumen des Festlandes.

Schwimmen, Schweben, Schwärme bilden

Im Sommer 1854 zog der junge Berliner Naturforscher ERNST HAECKEL bei Helgoland eine Art Mehlsieb aus feinmaschigem Gewebe hinter einem Ruderboot durch das Nordseewasser. Als er seinen Fang in Ruhe im Mikroskop betrachtete, staunte er nicht schlecht: Ein unglaubliches Gewimmel kleiner und kleinster Lebewesen zappelte und zuckte durch das Gesichtsfeld – Mini-Monster mit großen Augen und langen Borsten, die niemand zuvor gesehen hatte. Offensichtlich lebt im Meerwasser ein gewaltiger Zoo von Winzlingen, die man mit bloßem Auge nicht wahrnehmen kann. HAECKEL war total begeistert und widmete fortan viele Jahre seines Lebens der genaueren Erforschung dieser kleinen Meereswesen.

Ein Spiel der Strömung

Auf einem Objektträger können die kleinen Wasserbewohner kräftig umher rudern. Im offenen Meerwasser sind sie in der Wahl von Ort und Richtung weniger erfolgreich. Hier bestimmen in erster Linie Wellen und Strömungen das Ziel ihrer Reise. Für Lebewesen, die einfach mit dem Wasser verdriftet werden wie seinerzeit der unglückliche Odysseus, führte der Kieler Meeresforscher VICTOR HENSEN den Begriff Plankton ein – das Umhergetriebene oder Getreibsel. Winzige Algen wie die Panzergeissler oder die im freien Wasser lebenden Kieselalgen bilden das pflanzliche Plankton (= Phytoplankton). Kleinere oder größere Tiere, die einfach nur schweben, ohne aktiv zu schwimmen, fasst man dagegen als Zooplankton zusammen. Die Lebewesen des Meeresplanktons können punktfein sein wie die einzelligen Algen, aber auch wagenradgroß wie manche Quallen.

Zart und zerbrechlich

Kieselalgen sind besonders feine Formen des Phytoplanktons. Ihre Schalen bestehen aus Kieselsäure und sind daher durchsichtig wie Glas. Zusätzlich sind sie mit feinen Lochmustern versehen wie eine Gardine. Daher nennt man sie auch Diatomeen (d.h. Durchbrochene). Im Unterschied zu den Binnengewässern spielen grüne Einzeller im Meer keine besondere Rolle. Die weitaus meisten Arten sind gelbbraun gefärbt wie die Kieselalgen.

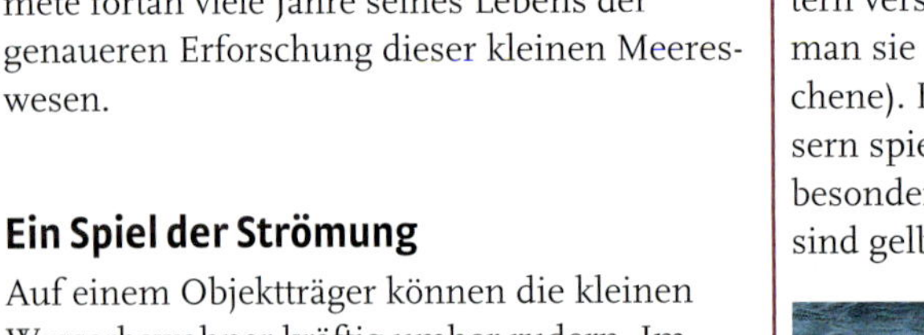

Nordseeplankton: großes Netz für winzige Kieselalgen

Diese Rote Tide erzeugt im Dunkeln ein geisterhaftes Meeresleuchten.

Alle Phytoplankter sind zur Fotosynthese befähigt, binden Kohlenstoffdioxid und setzen dafür Sauerstoff frei. Dieser gelangt aus dem Meer in die Atmosphäre und wird so zum Bestandteil unserer Atemluft. Jedes zweite Sauerstoffmolekül, das wir einatmen, geht auf das Konto des Phytoplanktons im Meer.

Gläserne Tiere

Schwimmlarven von Krebsen, Seenelken, Seepocken, Schnecken und Muscheln, die Jugendstadien von Würmern, Seeigeln und Seesternen sowie viele Fischlarven sind völlig farblos – man schaut gleichsam durch sie hindurch. Im Wasser möchten sie möglichst wenig auffallen, um nicht vorzeitig zur Beute ihrer Fressfeinde zu werden. Viele Meerestiere verbringen nur ihre Larvenzeit im Plankton. Später setzen sie sich fest wie die Seepocken oder kriechen auf dem Meeresboden wie die Seesterne. Andere Tiere verbleiben dagegen ihr ganzes Leben im Plankton, z. B. die Rippenquallen. Viele Organismen des Planktons senden kurze Lichtblitze aus. Wenn sie im Sommer massenhaft auftreten wie die *Noctiluca*, erzeugen sie das berühmte Meeresleuchten.

Kleine Algen und große Fische

In den Wintermonaten sind im Wasser kaum Planktonwesen anzutreffen. Erst im Frühjahr treten, parallel zu höherem Sonnenstand und Wassererwärmung, als erste die bräunlichen Planktonalgen in Mengen auf, manchmal sogar so massenhaft, dass sich das Meerwasser verfärbt. Dann spricht man von Algenblüte oder Roter Tide. In einem Fingerhut Meerwasser halten sich dann mehrere Mio. Zellen auf. Die große Bedeutung der zunächst unscheinbaren Planktonalgen liegt darin, innerhalb der Nahrungsnetze die Nahrungsbasis für alle nachgeschalteten Meereslebewesen zu bilden. Schon bald nach dem Phytoplankton erscheinen die ersten Pflanzenfresser wie die Ruderfußkrebse. Mit ihren fein verzweigten Mundwerkzeugen filtrieren sie die Algen aus. Sie dienen ihrerseits als Nahrung für größere Planktontiere wie Krebslarven und Pfeilwürmer, aber auch für die kleineren Fische wie den Hering. Diese werden von Großfischen wie Dorsch oder Kabeljau verspeist. Am Ende der Nahrungskette stehen in der Nordsee die Seehunde.

Die glasklaren Seestachelbeeren gehören zu den Rippenquallen.

Wiesen unter Wasser

Die Seegräser gehören zu den wenigen Blütenpflanzen, die echte Meeresbewohner sind. Sie blühen tatsächlich unter Wasser, aber dennoch sollte man keine wogenden Blumen am Meeresgrund erwarten. Die Blüten sind unscheinbar, sie müssen ja keine Bienen und Schmetterlinge anlocken. Die Bestäubung übernimmt die Strömung. An Nord- und Ostsee kommen zwei Arten vor. In der Ostsee gibt es Seegraswiesen von der Kieler Bucht bis zu den Åland-Inseln, meist in Wassertiefen zwischen 1 und 6 m, stellenweise sogar bis 11 m. Vom Strand aus sind ihre dunklen Streifen gut zu erkennen. Die schönsten Seegraswiesen findet man in geschützten Förden und Buchten mit hohem Salzgehalt (Geltinger, Eckenförder, Orther und Wismar-Bucht).

Beliebter Wohnort

So wie eine Bergwiese von allerlei Tieren bewohnt ist, nutzen viele wirbellose Meerestiere und Fische die Seegraswiesen als Wohn- und Zufluchtsort. An den Blättern heften sich junge Miesmuscheln an, und das Moostierchen *Electra crustulenta* bildet dichte graue Krusten. Der Polyp *Gonothyrea loveni* besetzt die Spitzen der Seegrasblätter und erlangt so einen idealen Platz, um Beute aus dem Plankton zu fangen. Meeresasseln (*Idotea baltica*) und Flohkrebse (*Gammarus*-Arten) sowie kleine Schnecken (*Hydrobia ulvae, H. ventrosa, Littorina saxatilis*) kriechen auf den Blättern und suchen Nahrung, während im Wurzelgeflecht Meeresringelwürmer leben. Das größte wirbellose Bodentier der Ostsee, die Strandkrabbe, hält sich ebenfalls gern im Schutz der Unterwasserwiesen auf.

Versteck für Fische

Seepferdchen gibt es in der Ostsee nicht, aber ähnlich bizarr aussehende Verwandte. Die Kleine Schlangennadel (*Nerophis ophidion*) und die Grasnadel (*Syngnathus typhle*) leben hier bestens getarnt. Drei Stichlingsarten, der Dreistachlige (*Gasterosteus aculeatus*), der Neunstachlige (*Pungitius pungitius*) sowie der große Seestichling (*Spinachia spinachia*), sind hier regelmäßig zu beobachten. Nutzfische wie der Aal verstecken sich im Seegras. Hornhecht und Hering kleben ihre Eier an die Blätter und die Jungfischschwärme halten sich im sicheren Umfeld der Wiesen auf.

Der schlanke Butterfisch hält sich gerne im dichten Tangwald auf.

Seegraswiesen sind unersetzliche Kleinlebensräume.

Nutzloser Abfall?

Nach Stürmen türmen sich Berge von Seegras am Strand auf. Schnell zersetzt es sich und riecht dann unangenehm. Nutzloser Abfall ist es nicht, denn in allen Phasen der Verwesung wird es dringend gebraucht: Die Strandvegetation profitiert vom Kompost, der den nährstoffarmen Sandstränden zugeführt wird: Meersenf, Strandmelden, Strandkamille, Kali-Salzkraut wachsen darauf. Scharen von Möwen, Watvögeln, Enten und Gänsen finden im angetriebenen Seegras ihre jeweiligen Spezialitäten. Vegetarier und Fleischfresser kommen auf ihre Kosten. Einige fressen das frische Seegras, andere stochern nach Krebsen, Muscheln, Meereswürmern oder kleinen Fischen. Strandfliegen legen ihre Eier am angespülten Seegras ab, und bald entwickeln sich ihre Larven. Auch sie sind eine willkommene proteinreiche Nahrung für viele Vögel.

Seegraswiesen ohne Seegras

Unterwasserwiesen von Blütenpflanzen bezeichnet man auch dann als Seegraswiesen, wenn es sich gar nicht um Seegras handelt. Die dichten Pflanzenbestände der inneren Küstengewässer der Ostsee setzen sich aus Laichkräutern, Teichfaden, Meersalden und Brackwasser-Hahnenfuß zusammen. Sie bewachsen die Uferzone bis etwa 2 m Wassertiefe. Im Gegensatz zum Seegras erreichen ihre Blüten die Wasseroberfläche und bilden rote oder weiße Blütenteppiche oder Blüteninseln.

Gefräßige Amöbe

Anfang der 1930er Jahre hat die so genannte Seegrasseuche die Bestände der Nordsee drastisch reduziert. Ursache war ein winziger Einzeller, die Pilzamöbe *Labyrinthula zosterae*, die aus Nordamerika nach Europa gelangt war. Von dieser Seuche hat sich das Seegras der Nordsee bisher nicht wieder erholt. Seit den 1970er Jahren beobachten Meeresbiologen einen weiteren Rückgang. An der niedersächsischen Küste blieben von den 35 km² Seegraswiese nur etwa 8 km² übrig. Die Ursachen des erneuten Rückgangs sind letztlich nicht bekannt. Die Ostsee blieb von der Seuche verschont. Die Amöbe verträgt wohl das Brackwasser nicht.

Salzgehaltszonierung und Artenverteilung in der Ostsee

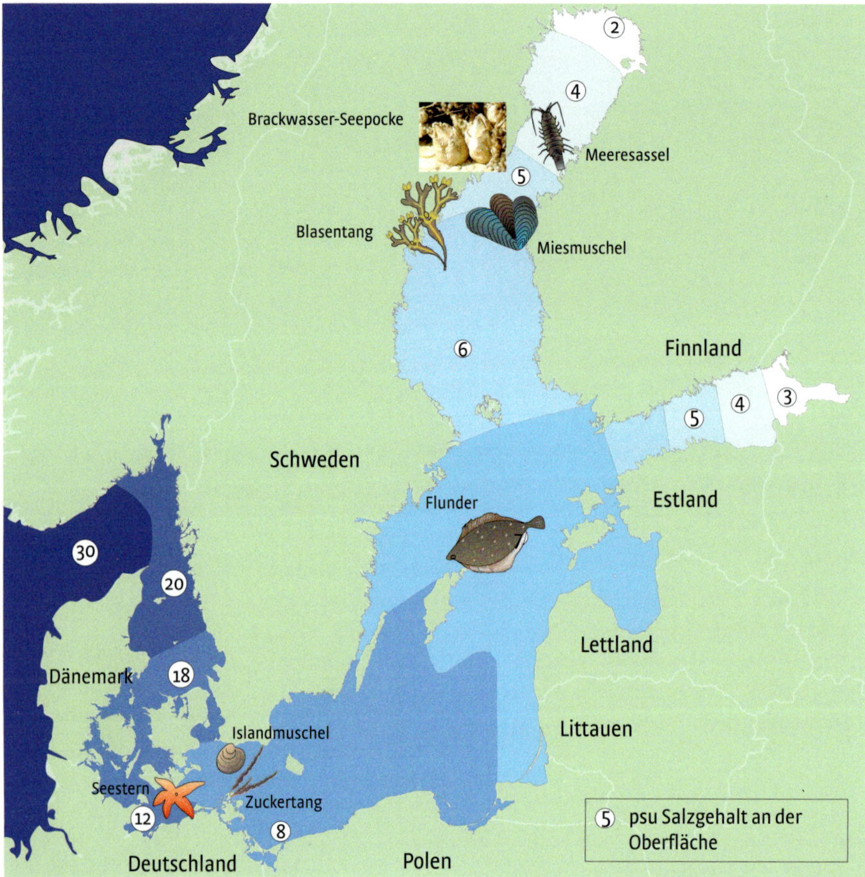

Die Ostsee – ein Brackwassermeer

Die Ostsee ist das größte Brackwassermeer der Erde. Brackwasser ist, etwas vereinfacht ausgedrückt, verdünntes Meerwasser (vgl. S. 10). Das Wasser der Flüsse sowie die Niederschläge verdünnen das Meerwasser und setzen den Salzgehalt herab. Weltweit findet man Brackwasser in Flussmündungen und Lagunen, Buchten und Fjorden. Jedes Brackwassergebiet hat seine Eigenheiten. Das Klima, der Wasseraustausch mit dem Meer, der Eintrag an Flusswasser und die Morphologie prägen den Charakter des Gewässers.

Tiefe Becken, flache Schwellen

Salzwasser ist schwerer als Süßwasser. Den Einstrom des schweren Salzwassers aus der Nordsee behindern Schwellen am Meeresboden, z. B. die Drodgenschwelle im Öresund mit 7,2 m Tiefe und die Darßer Schwelle zwischen dem Darß und Falster (Dänemark) mit 18 m Tiefe. Nur bei starkem Einstrom schwappt das Nordseewasser darüber und kann in die Becken der Ostsee einfließen. Mit der Salzgehaltsschranke (Darßer Schwelle etwa 7 psu) endet das Verbreitungsgebiet vieler mariner Tiere und Pflanzen. Das Salzwasser verteilt sich am Boden der Becken, so dass ein ge-

Brackwasser-Seepocken aus der Ostsee

schichteter Wasserkörper entsteht. Die Sprungschicht – die Grenze zwischen beiden Wasserkörpern – liegt in der westlichen Ostsee etwa bei 20 m und in den tiefen Becken bei 70 m. In der westlichen Ostsee baut sie sich nur im Sommer auf, in den Becken der zentralen Ostsee besteht sie ganzjährig.

Nachschub von Westen

Ein vertikaler Austausch von Gasen zwischen den Wasserkörpern der Ostsee findet kaum statt. Nachschub kommt nur über den langen horizontalen Weg aus der Nordsee. Auf diese Lieferung ist aber kein Verlass, denn sie findet nur bei starken, anhaltenden Stürmen aus westlicher Richtung statt. Dann verdrängt das einströmende salz- und sauerstoffreiche Nordseewasser das sauerstoffarme alte Tiefenwasser und ermöglicht eine Wiederbesiedlung der „toten Böden“ durch Bodentiere und Fische. Ein Salzwassereinbruch im November/Dezember 1951 brachte 200 km³ Salzwasser von 22,5 psu in die Ostsee. Das entspricht einer Salzmenge von knapp 5 Mrd. t. Nach 16 Jahren Stagnation drangen im Januar 1993 erneut etwa 310 km³ Salzwasser in die Ostsee ein.

Ein schwieriger Lebensraum

Die meisten aquatischen Lebewesen kommen im Meer vor und sind an dessen Salzgehalt von etwa 35 psu angepasst. Gerät eine marine Art ins Brackwasser, saugt der hohe Salzgehalt ihrer Körperflüssigkeit Wasser auf, und die Zellen platzen. Einige marine Arten pumpen Wasser aus ihrem Körper und nehmen Salze aus dem Brackwasser auf. So bewahren sie eine konstante Zusammensetzung ihrer Körperflüssigkeit. Man nennt diesen Vorgang Osmoregulation.

Flachwasserarten der Nordsee wandern in der Ostsee in die salzreichen Tiefenschichten ab (Brackwassersubmergenz). Ein typisches Beispiel ist der Wattwurm, der in der Nordsee in der Gezeitenzone lebt. Auch in der Mecklenburger Bucht kommt er noch im Flachwasser vor, ist aber auch in 15 m Wassertiefe anzutreffen. Östlich der Darßer Schwelle kommt er bei Hiddensee und Rügen im Flachwasser nur noch vereinzelt vor, besiedelt aber das Arkonabecken bis in über 40 m Tiefe.

Weniger Salz, weniger Arten

Die Anzahl der marinen Arten geht mit abnehmendem Salzgehalt deutlich zurück. So ist von der Kieler bis zur Pommerschen Bucht im Sandboden ein Artenrückgang von 120 auf 23 Tierarten zu verzeichnen. Ganze Tiergruppen wie die Stachelhäuter und die Manteltiere fallen aus. Diese Lücke wird nun nicht durch Tiere aus dem Süßwasser aufgefüllt, denn sie sind selten befähigt, ihre Regulationsleistungen zu steigern und sich einem höheren Salzgehalt anzupassen. Daher entsteht im Salzgehaltsbereich von 5–8 psu ein auffallendes „Artenloch“, in das nur wenige Salz- und Süßwasserarten eindringen können.

Tiere der Ostsee sind wegen den schlechteren Lebensbedingungen im Brackwasser kleiner als in der Nordsee. Besonders deutlich zeigen dies die Schalen der Muscheln. In der westlichen Ostsee erreicht eine Miesmuschel eine Länge von 10 cm, in der Pommerschen Bucht dagegen höchsten 3 cm. Auch bleiben die Schalen dünner.

Lebensraum mit fester Sitzordnung

Gezeitenküsten sind echte amphibische Lebensräume, weil sie im täglichen Rhythmus von Ebbe und Flut wechselweise dem Meer und dem Festland angehören. Obwohl die Küste der Grenzsaum ist, lässt sich der ganz genaue Grenzverlauf dennoch nicht exakt angeben, denn die unaufhörlichen Tidenwechsel stecken das Terrain zwischen Land und Wasser in jedem Augenblick neu ab.

Einblick in die Extremistenszene

In einer so wechselhaften Umwelt ist das Leben nicht einfach. Tatsächlich kommen in der Gezeitenzone fast nur ökologische Spezialisten vor, die sich trickreich darauf eingerichtet haben, im täglichen Tidenrhythmus gleich zweimal an die Luft gesetzt zu werden. Vom angrenzenden Festland wagen sich dagegen kaum einmal Arten in dieses schwierige Milieu vor – bis in die oberste Spritzwasserzone besteht die organismische Besatzung von Felsen, Steinen oder anderen Festmaterialien nur aus echten Meeresorganismen.

Gürtel und Streifen

Wo eine Wiese an Wald grenzt, wächst bunt und beinahe regellos ein Mosaik aus Kräutern, Gräsern und Gehölzen. An einer felsigen Gezeitenküste nehmen die den Gesamtaspekt bestimmenden Organismen dagegen horizontal gestaffelte Gürtel oder Bänder ein. Es ist fast so wie im Theater: Bestimmte Gesellschaftsschichten findet man nur im Parkett, andere hingegen auf den höheren Rängen. Als Platzanweiser wirken die Umweltfaktoren. Ein

Tangvegetation im Helgoländer Felswatt

Der Tanggürtel markiert die Hochwasserlinie.

Organismus nahe der Niedrigwasserlinie schaut nur für relativ kurze Zeit aus dem Wasser – kaum hat die Ebbe ihn freigegeben, geht die nächste Flut schon wieder darüber hinweg. Im Bereich der Hochwassermarke sitzen die Dauersiedler dagegen viel länger auf dem Trockenen. Bis zur nächsten Flutdusche können sogar mehr als 10 Stunden vergehen. Diese Arten müssen wohl vor allem mit dem drohenden Wasserverlust während der Ebbe fertig werden. Weil die verschiedenen Organismenarten diese Anforderung unterschiedlich gut bewältigen, ergibt sich in der Gezeitenzone somit fast automatisch eine bestimmte Vertikalverteilung.

Stunden lang die Klappe halten

Auffällig und eindrucksvoll zugleich zeigen diese besondere Anpassung beispielsweise die seltsamen Seepocken, denen man auf den ersten Blick gar nicht ansieht, dass es sich um lebenslänglich (fest)sitzende Kleinkrebse handelt. Während der Ebbezeit machen sie ihre mehrteiligen Lukenklappen einfach dicht und verhindern auf diese Weise unnötige Wasserverluste. An der Obergrenze der hellen Seepockengürtel kann man den durchschnittlichen Hochwasserstand auch während der Ebbe zuverlässig ablesen.

Flucht in die Feuchtigkeit

Besonders auffällig sind an einer Hartbodenküste die etagenförmig angeordneten Tanggürtel. Sie stellen sich auf Buhnen, Molen oder Spundwänden innerhalb des Gezeitenbereichs ein. Auf die zuoberst siedelnden Seepocken folgt meist ein Band aus feinen grasgrünen Fadenalgen, an die sich nach unten die Siedlungsbänder olivgrüner Brauntange anschließen. Diese derblederigen Tange trocknen kaum aus, weil sie in ihren dickwandigen Geweben das lebensnotwendige Wasser durch Kapillarkräfte binden. Zwischen den dichten Tangbüscheln bleibt es auch während der Ebbe feucht. Daher können sich hier auch mit Kiemen atmende ortsbewegliche Tiere wie Strandkrabben, Strandschnecken und Meerasseln optimal geschützt aufhalten.

Weich im Nehmen

Natürlich sind am fertigen Sitzplan innerhalb der Gezeitenzone auch noch ein paar weitere Faktoren beteiligt, z. B. die Konkurrenz der Arten untereinander (Fraßdruck) oder ihr Beharrungsvermögen gegenüber wild tosender Brandung. Ein ständig starkem Wellenschlag ausgesetzter Standort zeigt daher ein anderes organismisches Besatzungsmuster als eine geschützte Unterlage etwa in einem Hafenbecken. Wo es zumindest zeitweilig so heftig zugeht wie in einer Waschtrommel, ist betonte Flexibilität angesagt. Die großen Tange, der zu den Rotalgen gehörende knorpelig-zähe Krausserntang ebenso wie die elastischen Spiral-, Blasen- oder Sägetange, verbiegen sich unter jeder Wellenbewegung und bieten somit kaum Angriffspunkte. In einem solchen Milieu Halsstarrigkeit beweisen zu wollen, wäre also die falsche Strategie.

Kritische Schönheit

Quallen – oder zoologisch korrekter Medusen – sind gallertige, scheibenförmige Tiere, die in allen Meeren vorkommen. Die Eleganz ihrer Schwimmbewegungen, ihre wundervoll geformten durchsichtigen Glocken kann allerdings nur der Taucher bewundern. Er weiß die prachtvollen, glasig bis opaken, kräftig blau oder orangerot gefärbten Tiere als Fotomotiv zu schätzen. Für den Zoologen gelten sie als ursprünglich wegen ihres einfachen Körperaufbaus. Beim Badegast sind sie nicht beliebt, weil sie lästig nesseln können und sich glibberig anfassen. Den Fischer stören sie, weil sie – sofern sie in Massen auftreten – die Netze verstopfen.

Fast nur Wasser

Quallen gehören zusammen mit Hydroidpolypen und Korallen zu den Nesseltieren (Cnidaria), die ihren Namen den komplizierten Nesselzellen in ihren Fangarmen verdanken. Der Körper der Qualle ist einfach aufgebaut. Er besteht zu 98 % aus Wasser und ist eigentlich nur ein mit Gallerte gefüllter Schirm mit Magen sowie, für jede Art von größter Bedeutung, Geschlechtszellen. Auch ein einfaches Nervensystem zur Koordination der Körperfunktionen ist vorhanden. Im Schirmrand finden sich Ringnerven und Lichtsinnesorgane, bei einigen Arten sogar als Auge ausgebildet.

Wirkt wie ein Peitschenhieb: Gelbe Nessel- oder „Feuer"-qualle

Abstand halten: Die Blaue Nesselqualle nesselt stark.

Doppelleben

Fast alle Nesseltiere führen ein Doppelleben. Als Qualle bzw. Meduse leben sie im Freiwasser und lassen sich von Strömungen treiben. In der anderen Lebensphase sitzen sie als unscheinbare Polypen am Meeresboden. Im Herbst lässt die Ohrenqualle an den vier Mundarmen orangerote Verfärbungen erkennen – befruchtete Eier, aus denen eine kleine Wimperlarve hervorgeht. Diese hält sich Stunden oder Tage im Freiwasser auf, setzt sich an einem Stein oder einer Alge fest und wandelt

Nesselt kaum: gestrandete Kompassqualle

Gestrandete Ohrenquallen an der Ostsee

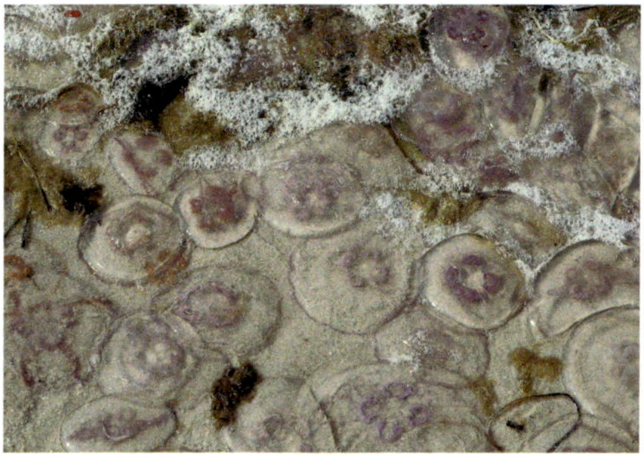

Seltenes Strandgut aus dem Atlantik: verdriftete Segelquallen

sich zum knapp 1 cm großen Polyp. Im Frühjahr beginnt er unter Eigenauflösung mit einer eigenwilligen Vermehrung: Er gliedert sich in Scheiben und sieht dann fast aus wie ein Stapel Untertassen. Diese lösen sich ab und schwimmen als sternförmige Jungtiere (Ephyra) davon. Ihre Sternarme verwachsen zum Schirmrand der Qualle. Schon ab April kann man kleine fertige Quallen von etwa 1 cm Größe beobachten. Sie entwickeln sich schnell zu den 20–40 cm großen Exemplaren vom Sommerstrand.

Vorsicht: Artillerie!

Die Tentakel befinden sich am Schirmrand der Qualle und dienen dem Beutefang. Bei der Ohrenqualle erreichen sie nur wenige Zentimeter, bei der Feuerqualle bis zu 10 m. Die Fangarme tragen Nesselzellen, die zu den kompliziertesten Erfindungen im Tierreich gehören. Die Nesselkapsel, die eigentliche Waffe, ist ein Organell der Nesselzellen. Sie hat eine fadenförmige Ausstülpung mit der Aufgabe der Signalerkennung und -weitergabe. Berührt die Beute das Cnidocil, so baut sich in der Zelle ein enormer Druck (bis 200 bar) auf, und explosionsartig stülpt sich der Inhalt handschuhförmig aus – voran eine Art Pfeilspitze, die in das Opfer eindringt, und dann ein Faden von mehreren Millimetern Länge, der das lähmende Gift injiziert.

Schön, aber gefährlich

Alle Schirmquallen besitzen Nesselzellen, aber deren Durchschlagskraft und Giftwirkung sind unterschiedlich. In den Weltmeeren leben wunderschöne, aber auch sehr unangenehme Vertreter. Daher sollte man sich immer kundig machen, ob und wann gefährliche Arten in den Gewässern vorkommen. Ohrenqualle, Kompassqualle und Blumenkohlqualle werden dem Menschen normalerweise nicht gefährlich. Äußerst unangenehm ist dagegen die Berührung mit den Tentakeln der Feuerqualle und ihrer kleinen Verwandten, der Blauen Nesselqualle. Ihr Gift führt zu starken Schmerz- oder Juckreizen bzw. bei empfindlichen Hauttypen zu schweren verbrennungsähnlichen Verletzungen.

Tipp: Erste Hilfe bei Quallenverletzung

- *Unnötige Bewegungen vermeiden*
- *Betroffene Stelle* ***nicht*** *mit Meer- oder Süßwasser abreiben*
- *Mit trockenem Sand oder Kleidungsstück austrocknen*
- *Eventuell anhaftende Tentakelreste mit Pinzette vorsichtig entfernen*
- *Essig oder Isopropanol (Glasputzmittel) auf die verletzte Stelle*
- *Schockbekämpfung falls erforderlich*
- *Bei starken Schmerzen ärztliche Hilfe veranlassen*

Das Meer legt uns allerhand Schätze zu Füßen.

Fundort Spülsaum

Was die Wellen nach den späten Herbst- und Frühjahrsstürmen an den Strand werfen, könnte als formenreiches Geschmeide aus der Schatztruhe des Meeresgottes Neptun stammen. Viele der angespülten Gebilde schauen wir mit einem großen Fragezeichen an. Sie alle geben uns nur eine Vorstellung von der unvorstellbaren Formenvielfalt des Lebens im Meer.

Vollständige Strandigelgehäuse im Angespül sind für Sammler ein Glücksfall.

Zerbrechliche Fassade

Keine Erkennungsprobleme bereiten die farben- und formenreich angespülten Muschelschalen und Schneckengehäuse. Zu ihren attraktivsten Vertretern gehören die verschiedenen Arten der Kammmuscheln. Ihre größeren Verwandten, die Jakobsmuscheln, werden in Frankreich als Delikatesse verspeist. Die bei

Viele Farben, eine Art: Baltische Plattmuscheln

Schwertmuscheln und Krebspanzer (-bauteile)

uns vorkommenden kleineren Formen imponieren dafür mit feingliedrig skulpturierten und oft bunt gescheckten Schalenklappen. Ein enorm farbenreiches Spektrum weist auch die häufige Baltische Plattmuschel auf. Zuweilen kann man die Spuren von Muscheln sogar in angespülten Steinen ausmachen, besonders in Kreideblöcken. Die wie ein Käse durchbohrten Felsbrocken bergen häufig noch die Gehäuse von Bohrmuscheln, die sich in jahrelanger Arbeit mühsam eine Wohnstatt in den harten Untergrund gefräst haben.

Reste von Rüstungen

Auch die angespülten kalkigen Rückenpanzer und Scheren der Krebse zeugen von der Formenvielfalt der heimischen Unterwasserwelt. Anders als häufig angenommen, müssen sie übrigens nicht nur von toten Tieren stammen. Wenn Krebse wachsen, häuten sie sich und streifen dabei ihre alte Schale vollständig ab. Die abgelegte alte Rüstung im Angespül zeugt also nur von ihrem Dasein, nicht aber von ihrem Tod. Besondere Schmuckstücke sind

Eipaket (Laichballen) und Gehäuse der Wellhornschnecke

zweifelsohne die leeren Gehäuse eines Herz-, See- oder Strandigels. Man muss schon Glück haben, um ein unversehrtes Exemplar zu finden, denn meistens sind sie bereits von den

„Laterne des Aristoteles"

Die Eihüllen von Rochen und Haien nennt man auch Nixentaschen.

Wellen zerschlagen. Wenn die kuppelförmigen Panzer am Strand liegen, verlieren sie meist ihre Stacheln, doch deren Ansatzstellen bleiben als winzige Höcker sichtbar. In der großen unterseits gelegenen Mundöffnung liegt bei frisch angespülten Tieren noch der sehr aufwändig konstruierte, fünfstrahlige Kauapparat der Seeigel – die so genannte Laterne des Aristoteles. Mit ihrem technisch komplizierten Bänder- und Sehnenapparat stellt sie eines der größten mechanischen Wunderwerke der Natur dar.

Laichbeeren und Schwebeschulp

Muschel- und Schneckenschalen lassen sich leicht identifizieren. Wer aber könnte sich vorstellen, dass die gelegentlich von Seegräsern und Algen abgerissenen Trauben schwarzer zugespitzter Beeren von ihren engsten Verwandten abstammen? Schneidet man eine der runden „Früchte" auf, lüftet sich das Geheimnis. In jedem dieser kleinen Ballen befindet

Links: Schulpe der Tintenfische

Unten: Laichbeeren vom Tintenfisch

Buntes Schnecken-Ensemble am Strand der Helgoländer Düne

Angespültes Blättermoostierchen

sich ein noch winziger kleiner Tintenfisch. Wenn der kleine Nachwuchs schlüpft, sind die Eltern bereits verendet. Aber ihr Rückenskelett, der aus Zoohandlungen für Heimvögel bekannte, aus Kalk bestehende Rückenschulp, wird häufig in Mengen an den Strand gespült. Er erfüllt neben der Stützfunktion noch eine weitere wichtige Aufgabe – er dient nämlich als Schwebeorgan. Durch die kontrollierte Einlagerung und Abgabe von Gasen können die Tiere mühelos und ohne Kraftaufwand im Wasser den Schwebezustand halten. Dieses System ist übrigens schon Hunderte von Millionen Jahre alt. Versteinerte Vorgänger der Schulpe, die geschossartigen „Donnerkeile" der Tintenfisch-Vorfahren, werden nach starken Stürmen aus dem unterseeischen Gestein herausgespült und an Land geworfen.

Nixentaschen und andere Schachteln

Neben den Laichbeeren des Tintenfisches finden sich auch andere Eier von Meeresorganismen am Strand. Das gilt besonders für Eier mit derben Verpackungen wie die der Rochen und Haie. Die kissenförmigen „Nixentaschen" werden an den Ecken mit ausgezogenen Anhängen an festen Gegenständen festgeschlungen und sich anschließend selbst überlassen. Rocheneier sind fast rechteckig, während die Eier der Haie länger ausgezogen sind. Aus diesen Kissen schlüpfen später aber keine Larven, sondern bereits vollständig entwickelte Jungfische, die sofort die Bewegungen der Eltern annehmen und auf Nahrungssuche gehen. Die leeren Eihüllen treiben durch ihr geringes Gewicht auf und werden über weite Strecken verdriftet.

Unerkannt bleiben die häufig angespülten Kolonien der aschgrau bis hellbraun gefärbten Blättermoostierchen. Die Kolonien sitzen normalerweise im tiefen Wasser auf Felsen. Der Blick durch die Lupe zeigt, dass die Oberfläche der einzelnen Lappen in viele regelmäßige Kästchen aufgeteilt ist. In jeder dieser kleinen Boxen lebt ein einzelnes Tier und streckt im untergetauchten Zustand seine winzige Tentakelkrone ins freie Wasser.

Tipp: Lohnende Sammelplätze ...

... sind die vom Meer geschützten Abschnitte (z. B. an den Strandbuchten) und die unmittelbare Nähe von Bach- oder kleinen Flussmündungen. Einzeln versprengte kleinere Formen bleiben unseren Augen oft verborgen. Wenn sie aber in größerer Dichte zusammenliegen, fallen sie sofort auf. Erst recht lässt uns der Blick durch eine Lupe aus dem Staunen nicht mehr herauskommen. Oder beleuchten Sie einmal ein Seeigelgehäuse von innen mit der Taschenlampe ...

Alles was löchert

Schon ein flüchtiger Blick ins Angespül zeigt, dass es nicht nur bei den Heimwerkern fleißige Bohrer gibt: Schalen, Gestein und Treibholz zeigen fein gearbeitete, kreisrunde Öffnungen und Gänge. Warum haben so viele Muscheln in ihrer Schale ein kreisrundes Loch, und warum sind auch alte Austernschalen perforiert? Wie kommen die Löcher in das Kreidegestein, und was durchlöchert eigentlich die untergetauchten Holzplanken der Mole? Bohren ist eine Spezialität verschiedener Meeresbewohner, und in jedem Loch steckt eine eigene Geschichte.

Bohren und Schlemmen

Nabelschnecken graben sich durch den Sand – immer auf der Suche nach ihrer Lieblingsspeise Trogmuschel. Um an deren nahrhafte Innereien zu gelangen, bohren sie mit scharf gezähnter Raspelzunge und Säureattacken ein kleines Loch in eine der Muschelschalen. Ist die Schale erst einmal angeätzt und durchgeraspelt, frisst die kleine Raubschnecke den Weichkörper ihres Opfers bis in die kleinste Schalenecke aus. Vom fleischigen Muschelkörper lässt sie nichts übrig, nur im Angespül bleiben die angebohrten Schalenklappen zurück.

Grotten und Höhlen

Die Fähigkeit Löcher zu bohren, nutzen einige Meeresbewohner auch dazu, um sich in Sicherheit zu bringen. Mehr als ein halbes Dutzend heimischer Muschelarten bohrt sich in mehr oder weniger festes Substrat ein und entgeht so dem Schicksal der Trogmuscheln. Ihre Schalenklappen sind einseitig als scharfzähnige Grabschalen entwickelt, die mit rhythmischen Bewegungen den Vortrieb in härteren Untergrund wie Torf, Ton, Kreide und sogar weiche

In der Helgoländer Kreide bohren Muscheln große und Würmer kleine Löcher.

Felsen leisten. Gleichzeitig drehen sich die Muscheln dabei und schaffen so allmählich eine perfekt kreisrunde Wohnröhre. Daraus schauen dann nur noch ihre Ein- und Ausstromöffnungen hervor. Nach schweren Stürmen trägt die Strömung das solchermaßen zermürbte Gestein an die Küste, mit oder ohne die grabenden Bewohner.

Schwammiges Innenleben

In schützende Bohrgänge verlegt auch der Bohrschwamm seinen Körper. Sein bevorzugtes Substrat sind die blätterteigartig geschichteten und daher wenig massiven Austernschalen. Zum Bau eines filigran verzweigten Ganggeflechts dienen besondere Ätzzellen, mit denen die Schwämme Kalkschalen oder festes Gestein durch Säureattacke chemisch auflösen. In regelmäßigen Abständen legt der Schwamm einen zusätzlichen Gang an die Oberfläche, um einen ausreichenden Wasserstrom zur Atmung und Ernährung zu haben. Erst diese

Die Trogmuscheln wurden von Nabelschnecken überfallen und gefressen.

unregelmäßigen Minilöcher verraten das ausgedehnte Schwammgeflecht im Inneren der Schale.

Wie die Made im Speck

An Holzmolen oder Treibholz lassen sich Löcher und Gänge unterschiedlicher Qualität entdecken. Millimeterweite oberflächliche Gänge verraten den Befall durch Holzbohrasseln, die mit ihren Mundwerkzeugen ein weit verzweigtes Gangsystem anlegen. Ihre Behausungen dienen nicht nur als Schutz, sondern auch als Nahrung. Die nur 5 mm langen Asseln fressen nämlich den Abraum auf, spalten – fast einmalig im Tierreich – und verdauen durch eigene Enzyme die pflanzlichen Zellwände. Auch vor den Rümpfen von Holzschiffen machen sie keinen Halt. In früheren Jahrhunderten, als es noch keine wirksamen Schutzanstriche gab, waren sie bei den Seeleuten und Reedern verständlicherweise sehr gefürchtet. Um den Befall zu stoppen, steuerte man die Schiffe von Zeit zu Zeit in Flusshäfen. Das salzfreie Süßwasser machte dann den Meeresasseln den sicheren Garaus. Ähnliches lässt sich auch vom Schiffsbohr„wurm" und seinen Verwandten berichten. Der irreführende Name bezeichnet eine auf das Bohren in Holz weltweit verbreitete, hoch spezialisierte und wurmförmig aussehende Muschelfamilie, deren Schalen völlig zurückgebildet sind und nur noch als Bohrschaufeln dienen. Damit treiben sie zentimeterbreite unverzweigte Bohrgänge selbst in Hartholz. Die Gänge verkleiden sie mit einer feinen Kalktapete. Ähnlich wie die Bohrasseln nutzen auch diese Muscheln das Holz zur Ernährung. Für die Schifffahrt sind sie folgenreich, denn Massenbefall gefährdet die Standfestigkeit von Holzbrücken und Stegen: Innerhalb einer Saison wird ein 40 cm-Eichendalben komplett durchlöchert!

Kleine Tiere – große Wirkung: Holzbohrasseln in ihren Bohrgängen

Bohrgänge der Holzbohrassel an einer Holzmole

Die Sandklaffmuschel kam erst im frühen Mittelalter in die Nordsee.

Blinde Passagiere

Viele Neuankömmlinge unserer Küsten verbinden gemeinsame Eigenschaften. Entweder bilden sie langlebige, robuste und im Meerwasser treibende Larven, die sich so mit den Strömungen über Hunderte von Kilometern vom Lebensraum ihrer Eltern entfernen können, oder sie heften sich an festes langlebiges Treibgut. Für einen Sprung über den großen Teich von Amerika oder sogar von Südostasien bis nach Europa reicht das oft nicht. Wirksamer als Transporteure sind die großen, schnellen Schiffe, die zum Austarieren der Ladung mit Meerwasser gefüllte Ballasttanks nutzen. Auf diesem Wege verfrachtet, konnten sich viele Arten im Zielgebiet schnell und dauerhaft etablieren – wie die Chinesische Wollhandkrabbe, die zu Beginn des 20. Jahrhunderts eingeschleppt wurde. Heute ist sie an der Nordseeküste und in ihren Flüssen weit verbreitet.

Die neue Vielfalt: Einwanderer und Verschleppte

Beim Blick in den Garten verwundert es niemanden, wenn dort Exoten aus aller Welt ihre Pracht entfalten, soweit sie unser mitteleuropäisches Klima ertragen. Fast unbemerkt hat sich an unseren Küsten Ähnliches ereignet. Urplötzlich werden dort neue Arten gesichtet – Neuankömmlinge, die Tausende von Kilometern übers Meer zurücklegten und bei uns heimisch wurden.

Rasche Ausbreitung

Auch die um 1978 ins Wattenmeer der Nordsee eingeschleppte Amerikanische Schwertmuschel kam als Larve im Ballastwasser der viel befahrenen Nordatlantik-Route. Junge Muscheln fand man zunächst nur im Elbemündungsbereich. Von dort hat sie sich bis zur Kieler Bucht und bis Nordfrankreich ausgebreitet. Im Wattenmeer bildete sie schnell und konkurrenzlos riesige Bestände. Im Vergleich zu den heimischen Arten siedelt sie nämlich in flacheren Bereichen.

Oft am Strand angespült: Amerikanische Schwertmuscheln

Was machen Chinesische Wollhandkrabben im Wattenmeer?

Auch eine Muschelgeschichte

Die Sandklaffmuschel kehrte erst in historischer Zeit aus Nordamerika zurück, nachdem sie 1,5 Mio. Jahre zuvor infolge der Eiszeiten verschwunden war. Ihre Wiederansiedlung kurz nach der ersten Jahrtausendwende geht wohl auf die Entdeckung Grönlands durch die Wikinger zurück. Möglicherweise kam sie als Jungtier über den Atlantik – an den Holzrümpfen der Wikingerschiffe festgeheftet. Vielleicht haben die Nordmänner sie auch als Proviant mit nach Hause genommen und bei ihrer Rückkehr den Rest über Bord geworfen. Heute gehört die Art jedenfalls überall zu den häufigsten Muscheln der Flachwasserbereiche. Obwohl nach den Weltkriegen weithin als „Strandauster" gepriesen, machte sie keine kulinarische Karriere.

Einmal um die halbe Welt

Zu den am weitesten gereisten Exoten gehört die Australische Seepocke. Im Jahre 1945 wurde sie in Südengland entdeckt, und 1953 hatte sie das Wattenmeer erreicht. Die Seepocken kamen wohl nicht im Ballastwasser über zwei Weltmeere zu uns, sondern auf der Außenhaut der Schiffsrümpfe. Einmal in Europa angekommen, konnten sie sich über ihre Larvenstadien weiter ausbreiten. Heute sind sie so häufig, dass sie in der Gezeitenzone an Felsen, Mauern und Buhnen mit der heimischen Seepocke konkurrieren. Allerdings überstehen sie keinen dauerhaften Frost.

Kulinarischer Zuzug

Eine besondere Geschichte hat die Pazifische Auster. Nachdem die empfindlichen Kulturen der Europäischen Wildaustern durch Parasiten und Meeresverschmutzung immer weiter verschwanden, wird seit 1965 zunächst in Frankreich und seit 1971 auch im deutschen Wattenmeer die widerstandsfähigere Pazifische Auster gezüchtet. Die „Sylter Royal" hat sich unterdessen in den letzten Jahren südwärts bis nach Ostfriesland ausgebreitet. In ihrem Gefolge kam unter anderem auch der viele Meter lange Japanische Beerentang in die Nordsee.

... und kein Ende!

Kein Phänomen an unseren Küsten ist so stetig wie der Wandel. Die Einwanderung und Verschleppung von Exoten an unseren Küsten hält an. Mit dem immer weiter wachsenden Schiffsaufkommen und immer schnelleren Schiffen wird der Weg der neuen „Touristen" immer kürzer und damit auch leichter. Die dauerhaften Auswirkungen der Neubürger auf die heimischen Lebensgemeinschaften lassen sich noch gar nicht absehen, aber bislang haben sie unsere Lebensgemeinschaften im Meer ganz überwiegend bereichert.

Klare Ansage: Hier ist pure Natur zu Hause.

Nationalparke – Natur Natur sein lassen

In den Küsten-Nationalparken Deutschlands darf sich die Natur großflächig und nach ihren eigenen Gesetzen entwickeln, und zwar ohne dass der Mensch in ihre Dynamik eingreift. Sie dienen in erster Linie der ungestörten Entwicklung der natürlichen Artenvielfalt und ihrer Lebensräume, und zwar unabhängig von planbaren Zielen und Entwicklungen. Darüber hinaus leisten die Nationalparke einen wichtigen Beitrag zum sicheren Erhalt von gefährdeten und vom Aussterben bedrohten Arten.

Erleben und genießen

Nationalparke sollen jedoch nicht nur die Natur schützen, sondern – soweit der Schutzzweck es erlaubt – sie auch bewusst und damit so erlebbar machen, dass auch wir Menschen als Teil der Natur mit ihr und ihrer Existenz unmittelbar verbunden sind. Sie geben uns beispielhafte Einblicke in den ständigen Kreislauf der Natur und ihrer Geschichte mit Werden, Sein und Vergehen. Ein Besuch spendet für alle, die sich auf das Naturerlebnis einlassen wollen, Entspannung, Erholung und Inspiration. Zur Förderung des Naturerlebnisses bieten die Nationalparkverwaltungen und ihre Partner, darunter die ehrenamtlichen Naturschutzverbände, zahlreiche Naturerlebnis-Angebote an. Dazu gehören neben Führungen und Veranstaltungen auch die Bereitstellung von Informationsmaterial sowie die Einrichtung von Erlebnispfaden und Informationseinrichtungen. Die Nationalpark-Betreuer vor Ort geben Auskunft über besondere lokale „Leckerbissen" und besondere Regelungen und „Tücken", die zu beachten sind.

Von der Natur lernen

Um die Kräfte der Natur, die Auswirkungen der Besucherströme und die noch stattfindenden traditionellen Nutzungen auf die Entwicklung der Lebensgemeinschaften besser verstehen zu können, werden in den Nationalparken besondere Umweltbeobachtungsprogramme durchgeführt, in deren Rahmen beispielsweise die Wasserqualität, die Entwicklung von Salzwiesen, Dünen und Wäldern, die Anzahl der Brut- und Zugvögel oder die Bestandsentwicklung der Seehunde überwacht werden. Aus den Ergebnissen lassen sich nicht nur Rückschlüsse auf das natürliche Kräftespiel der Natur, sondern auch auf den Erfolg bestehender Schutzmaßnahmen ziehen. Für eine zukunftsfähige Nationalpark-Entwicklung sind solche Kenntnisse unerlässlich.

Natürliche Erosion an den Jasmunder Kreideklippen

Nationalpark Schleswig-Holsteinisches Wattenmeer

- *Lage (siehe Nordsee-Karte vorne)*
- *Gründung: 01.10.1985*
- *Größe: ca. 4410 km²* *(größter NP in Mitteleuropa!)*
- *Sitz der Nationalparkverwaltung: Tönning*
- *Gebietsbeschreibung: Salzwiesen, Sandbänke, Watt- und Flachwasserbereiche seewärts der Hochwasserschutzanlagen bis zur 3 Seemeilen-Grenze sowie ein Walschutzgebiet vor Amrum und Sylt bis zur 12 Seemeilen-Grenze. Die Inseln mit Ausnahme von Trischen sowie die Halligen Südfall und Norderoog sind ausgeschlossen.*

Nationalpark Niedersächsisches Wattenmeer

- *Lage (siehe Nordsee-Karte vorne)*
- *Gründung: 01.01.1986*
- *Größe: ca. 2800 km²*
- *Sitz der Nationalparkverwaltung: Wilhelmshaven*
- *Gebietsbeschreibung: Watt- und Flachwasserbereiche einschließlich der Sandbänke und seewärts vorgelagerten Riffe bis teilweise zur 3 Seemeilen-Grenze und darüber hinaus; Salzwiesen, Dünen, Moore, Heideflächen, bewohnte/bewirtschaftete Inselbereiche sowie die Seeschifffahrtsstraßen von Weser, Jade und Ems sind ausgeschlossen*

Nationalpark Vorpommersche Boddenlandschaft

- *Lage (siehe Ostseekarte hinten)*
- *Gründung: 01.10.1990*
- *Größe: ca. 805 km²*
- *Sitz der Nationalparkverwaltung: Born/Darß*
- *Gebietsbeschreibung: Steil- und Flachküsten, Strände, Boddengewässer und Flachwasserbereiche der Ostsee (bis 10 m Tiefe), Windwatten, Dünen, Heiden, Trockenrasen, Röhrichte, Salzwiesen, Erlenbrüche, Kiefern- und Buchenwälder. Ortslagen und bebaute Bereiche sind ausgeschlossen*

Nationalpark Hamburgisches Wattenmeer

- *Lage (siehe Nordsee-Karte vorne)*
- *Gründung: 09.04.1990*
- *Größe: ca. 137 km²*
- *Sitz der Nationalparkverwaltung: Hamburg*
- *Gebietsbeschreibung: Watt- und Flachwasserbereiche seewärts bis zur 3 Seemeilen-Grenze, Dünen, Salzwiesen, Sandbänke, drei Inseln einschließlich der bewirtschafteten Insel Neuwerk*

Nationalpark Jasmund

- *Lage (siehe Ostseekarte hinten)*
- *Gründung: 01.10.1990*
- *Größe: ca. 30 km²*
- *Sitz der Nationalparkverwaltung: Lancken-Granitz*
- *Gebietsbeschreibung: Kreidefelsen, Geröllstrand und Flachwasserbereiche der Ostsee (bis 10 m Tiefe), Buchenwald, Seen, Moore, Bäche*

Seehunde & Co.

Das „Jahresprogramm" der Seehunde

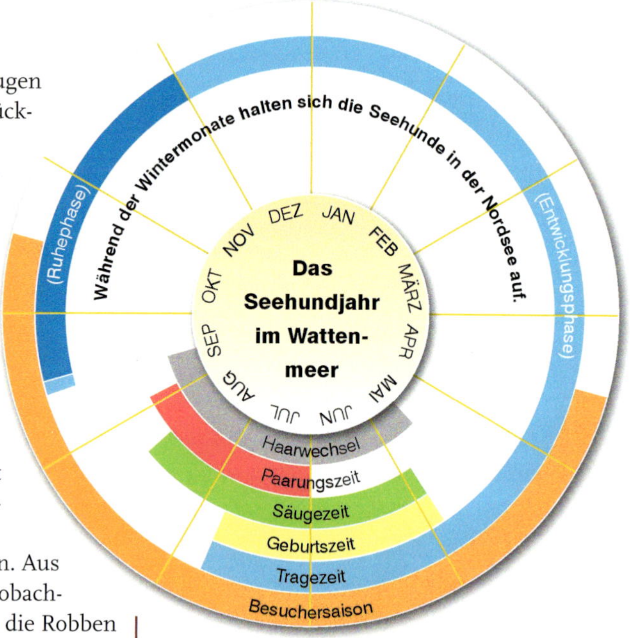

Mit ihren großen dunklen Kulleraugen und dem runden, etwas platt gedrückten Gesicht erfüllen sie perfekt das Kindchenschema. Wen wundert es da, dass die Seehunde zu den unangefochtenen Sympathieträgern unserer Küsten zählen. Als sie noch bis in die 1970er Jahre bejagt wurden, waren sie selten und überaus scheu. Nachdem sich ihre Bestände besonders in Nordsee und Wattenmeer ohne die unsinnige Jagd erfreulich erholt haben, nähern sie sich – mit Ausnahme der Nachwuchs führenden Muttertiere – neugierig den Badestränden und Ausflugsschiffen. Aus der Nähe kann man dann leicht beobachten, wie geschickt und wendig sich die Robben im Wasser bewegen. Auf der Jagd nach Beute erreichen sie spielend Geschwindigkeiten um 35 km/h. Die starken Gegenströmungen der Gezeiten können ihnen nichts anhaben.

Wiedereinsteiger

Dass ihre Urahnen einmal an Land gelebt haben, sieht man den Seehunden und ihren Verwandten kaum noch an. Ihre Körperform gleicht einem Torpedo, und ihre Gliedmaßen sind zu breiten Schwimm- und Lenkfüßen umgewandelt. Ihren Nachwuchs bringen die Robben immer noch an Land zur Welt. Setz- und Aufzuchtgebiet sind die flachen Sandküsten der europäischen Atlantikküsten.
Nachdem sie den Winter auf offener See zugebracht und sich eine dicke Fettschicht angefressen haben, kommen sie im Frühling an die Küsten, um hier ihren Nachwuchs zur Welt zu bringen. Eine beliebte Kinderstube ist das Wattenmeer. Auf flachen unzugänglichen Sandbänken können sich die Tiere sicher fühlen. Dort bringen die Weibchen zwischen Mai und Juli nur ein Jungtier zur Welt. Im Unterschied zu anderen Robben tragen junge Seehunde kein flauschiges Fell, sondern sind ziemlich kurzhaarig und können daher schon kurz nach der Geburt schwimmen. Die notwendige Isolierung übernimmt eine dicke Speckschicht.

Wie die Touristen: Seehunde kommen gerne im Sommer zum Strand.

Heulendes Elend?

Zuvor aber setzt sie den Nachwuchs an einer strömungsberuhigten Stelle auf Sandbänken und Inselrändern ab. Für den Nachwuchs wird das Warten und der leere Magen bald zur ungewohnten Erfahrung. Also versucht der „Heuler“ durch laute jaulende Rufe die Mutter zu rufen, um von ihr versorgt zu werden. Dieses Verhalten wurde lange Zeit so verstanden, als habe das Muttertier das Jungtier verlassen, doch heute wissen wir, dass die Muttertiere ihre Jungen viel länger sich selbst überlassen, als zunächst angenommen. Für die Mütter ist der Sommer ohnehin doppelt hart. Jetzt steht auch der jährliche Haarwechsel an. Nicht umsonst sonnen sich die Seehunde deshalb auf freifallenden Sandbänken. Sie brauchen die UV-Strahlung, um in der Haut Vitamine aufzubauen. Von der letzten Juli- bis in die erste Septemberwoche findet (stets im Wasser) die Paarung statt. Ab Mitte September sind die Weibchen wieder trächtig. Schon nach wenigen Tagen wird die Entwicklung der Embryonen jedoch bis etwa Dezember unterbrochen. Erst dann setzt sie wieder ein, damit die Geburt in die günstigen Sommermonate fallen kann.

Rückkehr nach Jahrhunderten

In den letzten 30 Jahren sind die seit dem 15. Jahrhundert verschollenen Kegelrobben wieder ins Wattenmeer zurückgekehrt. Der Bestand der imposanten Robben konzentriert sich in Deutschland auf eine Kolonie rund um den Jungnamensand zwischen Sylt und Amrum. Dazu sind auch versprengte Einzelvorkommen aus der Ostsee bekannt, z. B. in den Boddengewässern des Darß. Anders als die Seehunde bringen die Kegelrobben ihren Nachwuchs bereits zu Beginn des Jahres auf möglichst abgelegenen Sandbänken zur Welt. Zuweilen werden die Jungen nach starken Stürmen auf die Strände der nahe gelegenen Inseln verdriftet. Im ersten Monat tragen sie noch ein flauschig-samtiges cremefarbenes Fell („Lanugo“), mit dem sie noch nicht schwimmen können.

Kegelrobbe (links) und Seehund (rechts) sind klar unterscheidbar.

Tipp: Seehund oder Kegelrobbe?

	Seehund	*Kegelrobbe*
Größe (m)		
Männchen	*2*	*2,3*
Weibchen	*1,7*	*2*
Neugeborene	*0,6–1*	*0,9–1,1*
Gewicht (kg)		
Männchen	*70–150*	*170–310*
Weibchen	*60–110*	*105–185*
Neugeborene	*8–12*	*11–20*
Maximales Alter (Jahre)	*ca. 40*	*ca. 30*
Tauchtiefe (m)	*200*	*300*
Tauchdauer (min)	*30*	*20*
Atlantische Verbreitung	*Nordatlantik bis Portugal, Sand- und Felsküsten, auch auf Eis*	*Nordatlantik bis Arktis, isolierter Bestand in der Ostsee, Sand- und Felsküsten*
Unterscheidung		
Nasenlöcher	*υ-förmig stehend*	*parallel senkrecht*
Schädel	*rundlich*	*kegelförmig*
Schnauze	*kurz*	*lang*

Seltene Begegnung unter Wasser: Schweinswal vor Helgoland

Walbegegnungen in Nord- und Ostsee

Die häufigste heimische Walart nimmt sich entsprechend der Abmessungen unserer Küstengewässer eher bescheiden aus. Mit bis zu 2 m Länge und rund 80 kg Gewicht gehört der auch als Braunfisch oder Meerschwein bezeichnete Delphin zu den Miniaturausgaben der über 90 Arten zählenden Walfamilie. Noch im letzten Jahrhundert wurden Schweinswale sogar kommerziell gefangen. Heute sind sie streng geschützt. Trotzdem verfangen sich viele in Stell- und Schleppnetzen.

Ständig im Wasser

Anders als Robben kommen Schweinswale nicht an Land. Besonders zur Wurfzeit nähern sich die Walkühe der Küste und gebären dort meist in flacheren, geschützten Bereichen nur ein einziges Kalb pro Jahr. Der Nachwuchs misst bei der Geburt bereits 70–90 cm und wird über rund 8 Monate mit fettreicher Milch gesäugt. Entsprechend rasch wächst das Kalb in den ersten Monaten. Mit etwa 5 Monaten geht es auf die Jagd nach Grundfischen wie Sandaal oder Stintdorsch, in tieferen Bereichen auch nach Heringen und Makrelen. Nach etwa einem Jahr verlassen die Kälber die Mutter. Etwa vier Mal in der Minute tauchen Schweinswale an der Oberfläche auf, um Luft zu holen. Gewöhnlich zeigen sie dann nur den Rücken mit der typischen dreieckigen Finne.

Annäherung auf See: Whalewatching

An der Nordsee lassen sich Schweinswale besonders häufig an den Weststränden von Amrum und Sylt beobachten. Mit auflaufendem Wasser nähern sie sich den Stränden bis auf 20 m. Zuweilen schwimmen sie sogar zwischen den Badegästen hindurch. Auf der Ostsee geben sich die Schweinswale ungleich scheuer, zumal sie auch dort in den letzten Jahren erheblich seltener geworden sind und sich nach und nach aus den östlichen Bereichen zurückgezogen haben. Besonders gerne aber scheinen sie die ohne Motorengeräusche durchs Wasser gleitenden Segelboote zu begleiten.

Warum stranden Wale?

Wenn Wale am Strand verenden, gehen ihre Bilder um die Welt. Einige Walarten wie die Grindwale oder auch die riesigen Pottwale stranden in kleinen Gruppen oder ganzen Schulen, die großen Bartenwale dagegen eher einzeln. Auch Schweinswale, Weißschnauzendelphine und Große Tümmler werden an unseren Stränden zumeist als Einzelfunde gesichtet. Das Drama ist immer das gleiche: Wenn die Tiere nicht schnell wieder ins Wasser gelangen, fallen ihre Lungen unter dem hohen Körpergewicht zusammen, und auch die Haut verbrennt in der für sie ungewohnten Sonne. So traurig diese Szenerien erscheinen, so geben sie uns doch zunächst einen Hinweis darauf, welche Walarten überhaupt unsere Küstenmeere kreuzen.

Gestrandeter Pottwal

Verirrte Pottwale landen an den Stränden der Nordsee.

Gestört und fehlgeleitet

Die Ursache der Strandungen ist noch nicht abschließend geklärt, aber offensichtlich ist der Orientierungssinn der Tiere gestört. So funktioniert das empfindliche Sonar in flachen Gewässern nur unzureichend und auch dann nicht, wenn die durchschwommenen Meeresbereiche von Schiffsverkehr oder Ölplattformen stark „verlärmt" werden. Dies scheint insbesondere auf die aus dem Nordatlantik nach Süden ziehenden Pottwale zuzutreffen. Eigentlich sollten sie von Norwegen kommend westlich der Britischen Inseln weiter zu den Azoren und Kanarischen Inseln ziehen, um dort die Weibchen zu treffen. Statt dessen werden sie möglicherweise von den Nordsee-Ölfeldern so irritiert, dass sie zu früh nach Süden abbiegen. Dann landen die an Tiefwasser gewöhnten 40 t-Kolosse unweigerlich in der flachen Nordsee – eine tödliche Navigationsfalle. Im Januar 1998 strandeten sechs Pottwale vor St. Peter-Ording, drei von ihnen wurden glücklicherweise gerettet.

Auch die extrem stark pulsierenden Sonarsysteme von Marineschiffen stören die empfindlichen Walorgane. Daher verirren sich Wale auch an Strände, die unmittelbar an tiefen Ozeanen liegen.

Beobachtungen in der Ostsee belegen allerdings, dass es einigen Walen gelingt, sich auch in flacheren Gewässern zurechtzufinden. So werden seit einigen Jahren in der westlichen Ostsee regelmäßig große Finnwale gesichtet, die den Fischschwärmen bis in die engen Förden und Häfen an unseren Küsten folgen und von dort zu weiteren Fischzügen in andere Bereiche der Ostsee aufbrechen.

Watvögel wolkenweise – so fast nur am Meer zu erleben

Drehscheibe im Zugbetrieb

Vögel sind am Meer so zahlreich wie nirgendwo sonst. Mag man im Garten oder im Stadtpark ständig Amsel, Drossel, Fink und Star begegnen – mit den Vogelzahlen des Wattenmeeres kann kein Lebensraum des Binnenlandes konkurrieren. Während der Brutzeit halten sich im Wattenmeer zwischen Texel und Fanø rund 500 000 Vögel aus etwa zwei Dutzend Arten auf. Auch die westliche Ostsee ist für manche Arten ein wichtiges Revier.

Brüten am Meer

Da sich die Gezeitenzone als Brutplatz nicht eignet, suchen sich die Vögel hochwassersichere Nistplätze. Von den etwa zwei Dutzend Brutvogelarten des Wattenraums nutzen die meisten Arten die Salzwiesen für die Jungenaufzucht, darunter z. B. Austernfischer, Säbelschnäbler, Alpenstrandläufer, Rotschenkel und Uferschnepfe. Fluss- und Küstenseeschwalbe bevorzugen die höheren Bereiche, während Sand- und Seeregenpfeifer sowie Zwerg- und Brandseeschwalbe auf Sandinseln oder Sandstränden brüten. Manche Arten weichen zur Not auch auf Kulturland aus.

Raststätte der Fernreisenden

Während der Zugzeiten treffen die ziehenden Arten gleich wolkenweise auf ihrem Weg zwischen den hochnordischen Brutgebieten und den südlichen Überwinterungsquartieren ein – im Frühjahr geballt innerhalb weniger Wochen, im Herbst eher verteilt bis Dezember. Vögel aus rund 100 Arten halten sich dann gleichzeitig in den Wattgebieten auf. Sie rekrutieren sich praktisch aus der gesamten nördlichen Hemisphäre und ziehen über Westeuropa entlang der westafrikanischen Küste in ihre Winterquartiere bis Südafrika – soweit sie in milden Wintern nicht überhaupt an der Nordsee verbleiben.
Während die im hohen Norden brütenden Gänse schon mit neuem Federkleid eintreffen, nutzen andere Arten den Aufenthalt im Watt zur Mauser. Knutts beginnen mit der Erneuerung ihres Kleingefieders noch im nordischen

Kinderstube Salzwiese: Aus dem Gelege des Austernfischers schlüpft das erste Küken.

Brutgebiet und erledigen den Rest während der Rast an der Nordseeküste.
Insgesamt suchen während eines Jahres bis zu 10 Mio. Wat- und Wattvögel die Gezeitengebiete in der Deutschen Bucht zum Brüten, Mausern, Rasten und vor allem zur Nahrungsaufnahme auf. Die Wattengebiete der Nordsee sind eines der fünf vogelreichsten Gebiete der Erde und damit besonders schutzbedürftig.

Wie der Schnabel gewachsen ist

Das Wattenmeer ist für die brütenden, rastenden oder bleibenden Vögel deswegen so attraktiv, weil es Nahrung in Fülle bietet. Ringel- und Nonnengänse sind ausschließlich Pflanzenfresser. Nur wenige Wattvögel wie die Seeschwalben sind Fischfresser. Die meisten (etwa 85 %) Arten ernähren sich (überwiegend) von den Kleintieren der Wattflächen oder Salzwiesen und teilen sich das gewöhnlich enorm reiche Nahrungsangebot nach ihrer jeweiligen Schnabellänge auf: Alpenstrandläufer und Sandregenpfeifer suchen Wattschnecken, Schlickkrebse und Ringelwürmer von der Oberfläche. Pfuhlschnepfen und Knutts stochern nach Würmern im Wattboden. Am tiefsten reichen mit ihrem extralangen Schnabel die Brachvögel. Fast ein Viertel der wirbellosen Kleintiere des Wattbodens nimmt den Weg durch die hungrigen Schnäbel.

Rotschenkel beobachten ihre Umgebung von erhöhten Warten.

Tipp: Wattvögel beobachten

Die Vogelbeobachtung am Meer gehört sicher zu den schönsten Ferienbeschäftigungen. Da viele neue und sicher auch unbekannte Arten zu erwarten sind, sollte man neben einem guten Fernglas immer auch ein Bestimmungsbuch dabei haben. Folgende Tipps sind besonders zu beherzigen:

- *In den Nationalparks bestehen Betretungsverbote für die Schutzzonen und Brutgebiete (Zone I).*
- *Nicht auf Wattflächen herumlaufen und von Vogelansammlungen immer mindestens 300 m Abstand halten, um die Tiere nicht unnötig aufzustören!*
- *Grundsätzlich nicht in Hochwasserruheplätze wie Salzwiesen eindringen!*
- *Geführte Wanderungen durch geschulte Vogelwärter mitmachen.*
- *Auf dem Deich bei auflaufendem Wasser Beobachtungsposten beziehen und ruhig verhalten – die Vögel kommen bei der Nahrungssuche mit der Wasserlinie immer näher.*

Meereswesen kennen lernen

Bildbände beweisen es ebenso wie Kalenderblätter: Wo nicht gerade Hotelsilos den Blick verstellen, liefern Küstenlandschaften atemberaubend schöne Szenerien. Sie faszinieren vor allem deswegen, weil sie anders sind als das übliche tägliche Ambiente und irgendwie immer an Urlaub oder Familienferien erinnern. Selbst wenn ein einladender Sandstrand oder eine hinreißende Steilküste schon als Ganzes faszinieren, ereignen sich mancherlei Seh-Abenteuer auch im Nahbereich: Die zahlreichen Pflanzen- und Tierarten, die einfach zum Lebensraum Küste gehören, sind ihrerseits ein paar bewundernde Blicke wert. Die folgenden Seiten zeigen Ihnen jeweils besonders spannende Artengruppen, deren besonderer Charme sich oft erst ganz aus der Nähe erschließt.

Felsküste: Auf festem Grund S. 64

Leben im weichen Watt S. 78

Vom Strand zu den Dünen S. 90

Salzwiesen und Kulturland S. 102

Felsküste: Auf festem Grund

Die Pflanzen des Festlandes wurzeln bekanntlich im weichen, lockeren Boden. Bei den großen Meeresalgen ist das völlig anders. Sie sind fest mit ihrer Unterlage verwachsen, genauso wie die „lebenslänglich sitzenden" Tiere – eine gewöhnungsbedürftige Neuerfahrung, zumal die beteiligten Gestalten von der üblichen Vorstellung eines Tieres stark abweichen können. Die Lebensgemeinschaften einer Felsküste leben also recht oberflächlich und stellen sich auf anstehendem Gestein, auf grobem Blockwerk, an Buhnen oder an Hafenmolen förmlich zur Schau. Viele Arten besiedeln auch Schiffsrümpfe. Algen kleben sich mit breiten Haftscheiben an oder verkrallen sich mit verzweigten Ankerorganen an allen möglichen Unterlagen, sofern diese nur stabil und dauerhaft sind.

Nur zum Brüten an Land

Vom Spätsommer bis zum Frühjahr sind die steilen Felsklippen leer und verlassen. Nur ein paar Möwen sitzen herum. Ab März werden die steilen Fassaden des Festlandes jedoch überraschend lebendig: Hunderte oder gar Tausende Vögel treffen innerhalb weniger Tage ein und suchen sich einen Sitz- und Nistplatz im Gedränge. Am einzigen Seevogelfelsen Deutschlands, den Buntsandsteinklippen von Helgoland, brüten mehrere tausend Paare der Trottellumme und der Dreizehenmöwe. Seit ein paar Jahren haben auch Basstölpel Helgoland als Brutrevier entdeckt. Alle diese Seevogelarten ziehen zum Überwintern aufs offene Meer, wo sie reichlich Nahrung finden.

Farbenfrohe Klippenkleckse

Vom Nordkap bis nach Gibraltar zeigen Felsküsten zwischen dem untersten Festlandgrün und der eigentlichen Gezeitenzone eine gelbe, graue und schwarze Zone. Hier siedeln äußerst seltsam aussehende Lebewesen, die man auch von Baumstämmen oder Dachziegeln kennt: Es sind überwiegend als eng anliegende Krusten wachsende Flechten, spezialisierte Pilze mit erstaunlichem Lebensraumprofil: Sie ertragen die salzige Brandung ebenso wie heftige Regengüsse, Austrocknung in sommerlicher Hitze oder beißende Kälte.

Neptuns bunte Wassergärten

Wald und Wiese bestehen – soweit nicht gerade eine heftige Blühwelle darüber hinweg wogt – aus Pflanzen zwischen hellem Blass- und gesättigtem Schwarzgrün. Auch im Meer kommen grüne Pflanzen vor, neben ganz wenigen Blütenpflanzen wie den Seegräsern die unverkennbaren Grünalgen. Daneben fallen die merkwürdig ledrigen Braunalgen in grünlichem Olivgelb oder dunklem Schokoladenbraun auf. Die besonders großen Arten nennt man (mit einem norwegischen Wort) auch Tang. Gewöhnlich zeigen sich auch viele Rotalgen, entweder in zurückhaltendem Braunrot, charmantem Grauviolett oder sattem Purpurrot.

Felsgärten am Meer

Nur relativ wenige Blütenpflanzenarten sind auf Nischenstandorte oberhalb der Brandungsbereiche spezialisiert. Gelegentlich trägt der auflandige Wind Salzgischt an ihren Wuchsplatz. Daher müssen sie – obwohl schon fast festländisch – mit dem Meerwasser leben können.

Klippensiedler unter und über der Wasserlinie

Lebensraum Vogelfelsen

Außerhalb der Brutzeit kann man alle Arten im Nordseeraum auch einzeln als umherstreifende Gäste sehen. Während der Brutzeit bilden sie große Kolonien an unzugänglichen Klippen. Die mit * gekennzeichneten Arten sind Brutvögel auf Helgoland.

1 Papageitaucher (*Fratercula arctica*)
2 Eissturmvogel (*Fulmarius glacialis*)*
3 Kormoran (*Phalacrocorax carbo sinensis*)
4 Basstölpel (*Sula bassana*)*
5 Tordalk (*Alca torda*)*
6 Trottellumme (*Uria aalge*)*
7 Dreizehenmöwe (*Rissa tridactyla*)*
8 Gryllteiste (*Cepphus grylle*)
9 Krabbentaucher (*Alle alle*)

2
4
5
6
7

Meeresflechten

Diese seltsamen Lebewesen, die jeweils aus einem Pilz und einer mikroskopisch kleinen, fotosynthetisch aktiven Bakterien- oder Algenart bestehen, stellen an Felsküsten vielfarbige Siedlungsbänder zwischen der oberen Gezeitenzone und der festländischen Pflanzenwelt. Den Flechtenkörper nennt man Lager oder Thallus. Die meisten Küstenarten bilden flache Krusten oder Blattgebilde, die mit der Unterlage nahezu unlösbar verbunden sind. Im grauen bzw. graugrünen Flechtengürtel treten dagegen auch strauchige Formen auf. Der Übergang zu Flechtenverbänden, die zwar Küstenfelsen gerne besiedeln, aber auch im Binnenland zu Hause sind, ist fließend. Zu den meisten hier vorgestellten Formen gibt es Verwechslungsarten, die man nur mit Spezialliteratur sicher bestimmen kann.

Schwarze Krustenflechte
Verrucaria maura

Merkmale Lager feucht tiefschwarz, grobrissig gefeldert, samtig rau, nicht speckig oder glänzend. Rundliche Fruchtkörper ebenfalls schwarz, eher unauffällig.
Lebensweise Sehr häufige Flechte, bildet auf Hartgestein ausgedehnte, fast flächendeckende Bestände, die wie Teerflecken aussehen. Markiert zusammen mit den Seepocken ungefähr die Hochwasserlinie. Ihr Siedlungsband ist die berühmte Schwarze Zone, die ökologische Grenze zwischen Meer und Festland.

Goldgelbe Schönflechte
Caloplaca marina

Merkmale Formenreiche Flechte mit krustenförmigem, unregelmäßig schuppenförmig aussehendem Lager, kräftig dottergelb bis orangefarben, in den Randbereichen deutlich gelappt, aber nicht rosettenartig ausgebreitet. Meist mit zahlreichen scheibchenförmigen, mit dem übrigen Lager gleichfarbenen Fruchtkörpern in verschiedenen Größen, diese bis 4 mm breit und flach-schüsselförmig.
Lebensweise Nur im mittleren und oberen Bereich des schwarzen *Verrucaria*-Gürtels, sehr häufig. In Europa an Küstenfelsen weit verbreitet.

Gelbe Wandflechte
Xanthoria parietina

Merkmale Formenreiche, oft in fast handflächengroßen Lagern wachsende Blattflechte mit auffälliger chrom- bis orangegelber Färbung, an schattigen Wuchsplätzen auch grünlichgelb. Lager unregelmäßig in abgerundete, zu den Rändern verbreiterte Lappen geteilt. Schüsselförmige Fruchtkörper unterschiedlich groß, dunkel dottergelb.

Lebensweise Diese häufige und weit verbreitete Flechtenart wächst auch auf Holz, an Mauern und auf Dachziegeln im Binnenland, bevorzugt kalkhaltiges Gestein. Überall in Europa häufig. Wurde früher (mit mäßigem Erfolg) als Fiebermittel verwendet.

Grüngraue Astflechte
Ramalina siliquosa

Merkmale Flechte mit aufrechten oder hängenden, unregelmäßig gabeligen, schmal bandförmigen Lagerästen, 2–10 mm breit, bis 5 cm hoch, je nach Feuchtigkeit hellgrün bis grünlich grau, stellenweise auch schwärzlich, trocken ziemlich brüchig, mit warzen- bis scheibenförmigen Fruchtkörpern an den Asträndern.

Lebensweise Sitzt mit einer rundlichen Scheibe auf der Unterlage. Bevorzugt meist lichte und länger besonnte Gesteins- oder Felsflanken deutlich oberhalb der Gezeitenzone. Auch im Ostseeraum verbreitet.

Schwarzfrüchtige Kuchenflechte
Tephromela atra (Lecanora atra)

Merkmale Krustenflechte mit mäßig dickem, stark gefeldertem Lager, grauweiß. Fruchtkörper scheibenförmig, außen grauweiß, innen glänzend tiefschwarz, rundlich oder im Alter unregelmäßig wellig verbogen, bis 2 mm breit.

Lebensweise Deutlich oberhalb der Gezeitenzone und auch weiter im Binnenland, meist auf Silikatgestein. Weltweit verbreitet.

Beobachtungstipp:
In der unteren Gezeitenzone kommen meist nur schwarze Arten vor, die gelben und grauen Flechten sitzen immer weiter oben.

Die Felsküste bei Niedrigwasser

Dichte und artenreiche Tanggürtel prägen das Bild. Beim genaueren Hinsehen findet man hier auch eine Menge seltsamer Tiere.

1 Fingertang (*Laminaria digitata*)
2 Blutfleckenalge (*Hildenbrandia rubra*)
3 Japanischer Beerentang (*Sargassum muticum*)
4 Meersalat (*Ulva lactuca*)
5 Sägetang (*Fucus serratus*)
6 Knotentang (*Ascophyllum nodosum*)
7 Blasentang (*Fucus vesiculosus*)
8 Spiraltang (*Fucus spiralis*)
9 Nabel-Hauttang (*Porphyra umbilicalis*)
10 Kleiner Darmtang (*Blidingia minima*)
11 Kraushaaralge (*Prasiola stipitata*)
12 Steinwälzer (*Arenaria interpres*)
13 Seepocke (*Semibalanus balanoides*)
14 Klippen-Assel (*Ligia oceanica*)
15 Flache Strandschnecke (*Littorina mariae*)
16 Tangassel (*Idotea granulosa*)
17 Strandkrabbe (*Carcinus maenas*)
18 Seerindenmoostierchen (*Membranipora membranacea*)
19 Gebänderte Grübchenschnecke (*Lacuna vincta*)
20 Posthörnchenwurm (*Spirorbis spirorbis*)
21 Flache Grübchenschnecke (*Lacuna pallidula*)
22 Australische Seepocke (*Elminius modestus*)

11
13
10
12
14
9
15
16
8
7
6
5
4
17
18
19
3

Blütenpflanzen in der Klippe

Alle höheren Pflanzen sind echte Landpflanzen. Nur ausnahmsweise sind sie als Wasser- oder Schwimmblattpflanzen wieder in wässrige Lebensräume zurückgegangen, mussten dazu aber besondere Anpassungen entwickeln. Das Felswatt, die Domäne der großen Algen und Tange, haben sie sich jedoch nicht erobern können. Nur wenige Pioniere besetzen Wuchsplätze oberhalb der Hochwassermarken. Hier erreicht sie nur ab und zu die vom Sturm auf das Land geworfene Salzgischt. Mit dem Umweltfaktor Salz, der gewöhnlichen Landpflanzen sehr zu schaffen macht, kommen die Klippenpflanzen bestens zurecht.

Meerfenchel
Crithmum maritimum

Merkmale Mehrjährige, krautige, nur an der Basis im Alter verholzte Pflanze, etwa 10–50 cm hoch. Blätter lederig zäh, graugrün. Blüten gelblich grün bis weißlich gelb, zahlreich in zusammengesetzten Dolden. Blütezeit Juli bis Okt.

Lebensweise Blätter duften beim Zerreiben nach Fenchel bzw. Anis. Küstennahe Felsen, meist in Spalten und Nischen des oberen Flechtengürtels. Mittelmeergebiet, Atlantikküsten bis Nordfrankreich und Großbritannien, seit wenigen Jahren auch auf Helgoland.

Meerkohl
Crambe maritima

Merkmale Mehrjährige, meist recht stattliche Pflanze, 25–80 cm hoch. Blätter groß, kahl, kräftig blaugrün. Blüten reinweiß, zahlreich in doldigen Rispen. Die 4 längeren der insgesamt 6 Staubblätter sind in der Mitte gespalten. Blütezeit Mai–Juli.

Lebensweise Die dicklich-fleischigen Blätter schmecken salzig. In Vertiefungen von Strandfelsen und am Spülsaum von Geröllstränden einzeln oder in kleinen Beständen. Atlantik bis zum Ärmelkanal, Ostsee, an der Nordsee selten.

Wilde Rübe, Meerstrand-Rübe
Beta maritima

Merkmale Ein- oder mehrjährige, meist recht kräftige Pflanze, 20–80 cm hoch. Blätter lang gestielt, glänzend dunkelgrün, fest und fleischig. Blüten klein, unscheinbar grünlich, zahlreich in verlängerten Rispen. Blütezeit Juli – Sept.
Lebensweise Auf nährstoffreichen Strandwällen und in Klippengebieten. An allen europäischen Küsten. In Deutschland nur auf Helgoland. Wildpflanze von Zuckerrübe, Futterrübe, Mangold und Roter Bete.

Klippen-Kohl
Brassica oleracea

Merkmale Mehrjährige, meist ziemlich stattliche Pflanze, etwa 40–120 cm hoch, am Grunde leicht verholzt. Blätter länglich-oval, bläulich bereift, kräftig fleischig. Blüten gelblich, zahlreich in verlängerten Trauben. Blütezeit Mai–Juli.
Lebensweise Nährstoffreiche Strandwälle und Klippenfelder unmittelbar entlang der Küste. Mittelmeergebiet, Atlantik; in Deutschland nur auf Helgoland.

Gebräuchliches Löffelkraut
Cochlearia officinalis

Merkmale Ein- oder mehrjährige Pflanze, etwa 10–30 cm hoch. Grundblätter rundlich-herzförmig, gestielt. Blüten weiß, bis zu 10 mm breit, duften angenehm. Blütezeit Mai – Juni.
Lebensweise Die frisch- bis dunkelgrünen Blätter schmecken angenehm salzig. Zerstreut in Felsnischen oberhalb der Hochwassermarke, auch auf Salzwiesen, in Salzröhrichten. Nordsee, Ostsee.

Wiesen-Alant
Inula britannica

Merkmale Mehrjährige Pflanze, 20–60 cm hoch. Blätter wechselständig, nur die untersten gestielt. Blüten in 2–4 cm breiten Köpfen, goldgelb. Blütezeit Juli – Sept.

Lebensweise Pflanze riecht beim Zerreiben leicht nach Knoblauch. Verbreitet auf wechselfeuchten Böden. In Vertiefungen und Klüften auf Küstenfelsen. Im Binnenland meist nur im Uferbereich der größeren Stromtäler.

Erlebnistipp:
Auf die besondere Dickblättrigkeit der Klippenpflanzen achten – auch weit oberhalb der Hochwasserlinie schmecken ihre Blätter leicht salzig.

Tiere der Felsen

Anders als am Sandstrand oder im weichen Meeresboden leben die Tiere der Felsküsten mit Ausnahme weniger bohrender Formen (siehe S. 50) auf festem Untergrund. Entweder sitzen sie festgewachsen am Felsen bzw. auf den Oberflächen derber Meerestange oder sie sind mit wirksamen Klammerorganen ausgestattet, mit denen sie in ihrem Lebensraum ortsfest bleiben, um nicht mit Wasserströmung oder Wellenschlag zu verdriften. Trotz der rauen Lebensumstände hat sich im Laufe der Evolution eine bemerkenswerte Formenvielfalt entwickelt. Für einige Arten bildet die Gezeitenzone felsiger Meeresküsten sogar einen Schwerpunkt ihres natürlichen Vorkommens.

Brotkrumenschwamm
Halichondria panicea

Merkmale Variable Körperform von flachen Krusten bis zu unregelmäßigen Klumpen. Im Lebendzustand zäh und fest, erst abgestorbene Exemplare zerbröseln wie vertrocknetes Brot (Name!) in der Hand. Flach, bis zu 30 cm breit, gelb, braun oder grün. Häufigster Schwamm der heimischen Küste, besonders rund um Helgoland, auch westliche Ostsee. Auf Felsböden und Molenwänden, auf Muschelschalen, Krebspanzern und Tangen.

Lebensweise Schwämme strudeln Wasser in ihr Röhrensystem und filtrieren dort Plankton und andere verdauliche Partikel heraus, die ihnen als Nahrung dienen.

Kolbenpolyp
Coryne pusilla

Merkmale Zart kriechende Polypenstöcke, verzweigen sich reich und bilden ein dichtes Netz am besiedelten Untergrund, gelb, rosa und rot. Einzelpolypen bis zu 1 cm hoch.

Lebensweise Kolbenpolypen greifen mit den Tentakeln aus dem Wasser Plankton und Schwebeteilchen heraus. Während andauernder Hungerphasen wird ein Teil der Polypen eingeschmolzen. Auf Hartböden, Muschelschalen, Krebspanzern und Tangen.

Erlebnistipp:

Faszinierende Einblicke in die artenreiche marine Unterwasserwelt gewinnt man vor allem in Felsaquarien bzw. Gezeitentümpeln, die auch zur Ebbezeit mit Wasser gefüllt bleiben.

Dickhörnige Seerose
Urticina felina

Merkmale An der Außenwand Saugwarzen, die häufig kleine Muschelreste, Algenstückchen, oder grobkörnigen Sand zur Tarnung festhalten. Bis zu 160 kräftige und stumpf endende Fangarme rund um das Mundfeld. Rumpf und Tentakel häufig aufregend gefärbt, gebändert und gestreift; Tentakelkrone bis zu 20 cm breit.

Lebensweise Die kräftigen Fangarme der Tiere sind mit unzähligen Klebzellen besetzt. Mit ihnen fangen die räuberischen Seerosen besonders kleine Bodenfische und vorbeischwimmende Flohkrebse. Im Flachwasser und in Gezeitentümpeln felsiger Meeresküsten, siedelt immer direkt auf hartem Untergrund.

Rotdorniges Moostierchen
Flustrellidra hispida

Merkmale Gallertiger, flacher Belag auf derben Tangen; besteht aus zahlreichen kastenförmigen Einzeltieren, an deren Rändern rotbraune Dornen stehen.

Lebensweise Wenn die Kolonien vom Wasser überspült werden, strecken die Einzeltiere ihre feinen Tentakelkronen heraus und strudeln über ein mikroskopisches Wimpernkleid organische Schwebstoffe herbei. Sobald die Tange, auf denen sie leben, trocken fallen, ziehen sie ihre Fangapparate wieder ins schützende Gehäuse zurück, um sie vor der Austrocknung zu bewahren. In der Gezeiten- und oberen Dauerflutzone felsiger Meeresküsten; besonders auf Sägetang

Rändel-Käferschnecke
Lepidochitona cinerea

Merkmale Körper durch 8 fein geschuppte Rückenschilder unverwechselbar. Rundum verläuft ein fleischiger Mantelrand. Farbe sehr variabel, häufig mit Mustern oder Streifen. Bis zu 2 cm.

Lebensweise Käferschnecken ernähren sich von Algen, die sie vom Untergrund abraspeln. Sobald sie trockenfallen suchen sie geschützte Standorte auf und heften sich fest an den Untergrund, um möglichst wenig Wasser zu verlieren. Vom Boden sind sie nur mit Gewalt zu lösen. Auf Hartböden, Buhnen und Muschelbänken; von der Gezeitenzone an abwärts.

Raue Strandschnecke
Littorina saxatilis

Merkmale Spitzes Gehäuse mit deutlich abgesetzten Umgängen. Farbe variabel brauntönig. Höhe bis zu 1,6 cm, meist kleiner.
Lebensweise Diese kleinen Schnecken finden sich häufig zusammen mit Seepocken, in deren ausgestorbenen Gehäusen sie das Trockenfallen überdauern. Obwohl sie aus dem Meer stammen, überleben sie mehrere Tage ohne Überflutung völlig schadlos.
An Felsen, Molen und Buhnen; in der oberen Gezeiten- und Spritzwasserzone.

Flache Strandschnecke
Littorina mariae

Merkmale Kräftiges Gehäuse. Farbe braun, rötlich, oliv, gelb bis orange, auch gebändert oder gemustert. Höhe bis zu 1,4 cm.
Lebensweise Diese Strandschnecke grast mit ihrer Raspelzunge die Diatomeenrasen von der Oberfläche der Tange ab. Außerdem frisst sie an jungen Trieben der Großalgen. Zur Fortpflanzung legen die Weibchen ein nierenförmiges Gelege mit kleinen gelben Eiern. Aus ihnen schlüpfen voll entwickelte Jungschnecken. Lebt in der Gezeitenzone auf den Tangen auch an Molen und Muschelbänken.

Meerzitrone
Archidoris pseudoargus

Merkmale Plumper Körper mit warziger Oberfläche. Bis zu 12 cm. Farbe sehr variabel.
Lebensweise Häufige Meeresnacktschnecke an den Küsten Europas. Ernährt sich von Schwämmen, wird selbst kaum gefressen, weil ihre Außenhaut bei Gefahr saures Sekret (pH 1–3) abgibt. Auf Felsböden, Spuntwänden und Schiffswracks, von der Gezeitenzone an abwärts.

Dreikant-Röhrenwurm
Pomatoceros triqueter

Merkmale Wurmkörper asymmetrisch, besteht aus bis zu 100 Segmenten, insgesamt bis zu 2,5 cm lang. Aus der kalkigen, über die gesamte Länge angehefteten Wohnröhre schaut nur die geöffnete Tentakelkrone und der trompetenförmig gestielte Verschlussdeckel hervor.
Lebensweise Die Würmer ernähren sich, indem sie aus dem Wasser Nahrungspartikel filtrieren, einschleimen und über Wimpernbänder zum Mund befördern. Bei mechanischer oder optischer Störung ziehen sie sich sehr schnell in ihre Röhre zurück und schotten sie mit ihrem Deckel vollständig ab. Auf Felsböden, Molen- und Spuntwänden, Schiffsrümpfen, Molluskenschalen, Krebspanzern.

Gemeine Seepocke
Semibalanus balanoides

Merkmale Dicht beieinander sitzende, schmutzig weiße Kalkkegel in der Gezeitenzone von Felsen und Molen, auch auf Muschelschalen und Krebspanzern. Kalkgehäuse besteht aus 6 Randplatten; die Öffnung an der Spitze wird durch 4 Verschlussdeckel geöffnet. Durchmesser bis zu 1,5 cm.
Lebensweise Seepocken sind extrem abgewandelte Krebstiere. Die Larven treiben noch frei im Wasser und heften sich anschließend mit einer Zementdrüse am Boden fest. Ihren reusenförmigen Fangapparat strecken sie nur unter Wasser heraus und filtern damit Schwebepartikel und Plankton ab.

Sternseescheide
Botryllus schlosseri

Merkmale Kolonien flach und mit auffälligem, farbvariablem Sternmuster. Bis handflächengroß, Farbe variabel.
Lebensweise Flache Krusten in einheitlicher Färbung entstehen durch stetige Sprossung aus einem Einzeltier. Während der Wintermonate schrumpfen die Kolonien und reduzieren sich auf wenige Individuen. Trockenfallen schadet den Tieren auf Dauer nachhaltig. Sie bleiben deshalb in der Gezeitenzone auch nur auf Gezeitentümpel und algenbedeckte Flächen beschränkt. Auf Felsböden, Molen, Bojen; auch auf Muschelschalen, Krebspanzern und Tangen; von der unteren Gezeitenzone an abwärts.

Leben im weichen Watt

Das amphibische Watt zwischen Inseln und Innenküste des Festlandes, das nur bei Ebbe freifällt und dann scheinbar nicht mehr zum Meer gehört, gilt als einer der biologisch interessantesten und produktivsten Lebensräume Europas. Wer zum ersten Mal zum ausgedehnten Auftauch- oder Wechselflutgebiet zwischen Hoch- und Niedrigwasserlinie kommt, ist vielleicht ein wenig enttäuscht: Auf den ersten Blick sieht man tatsächlich wenig bis gar nichts – kilometerweit nur nass glänzende Flächen, zergliedert von schmalen oder breiten Prielen, ein paar leere Muschelschalen oder ab und zu ein verdrifteter Tangfetzen. Das kann doch nicht alles gewesen sein. Tatsächlich leben die meisten Tiere hier sehr zurückgezogen im weichen Wattboden.

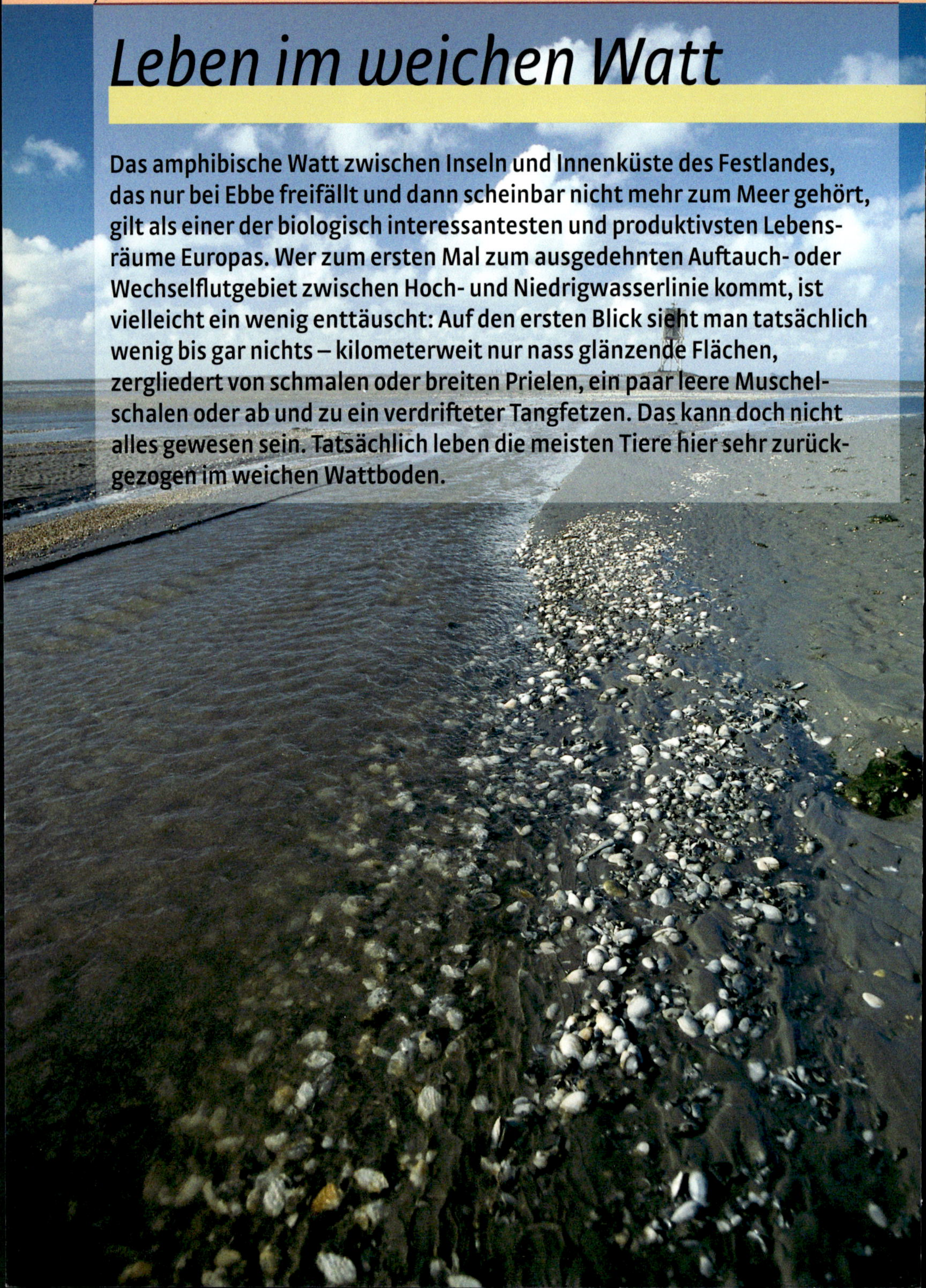

Auswurf gegenüber dem Eingang: Kothäufchen des Wattwurms

Die Mischung macht's

Im Gegensatz zum steinharten Felswatt besteht der Wattboden nur aus körnigem Sediment. Nach der Körnung unterscheidet man Sand, äußerst feinen Schluff und ultrafeinen Ton mit mikroskopisch kleinen Teilchen. Zu diesen mineralischen Bestandteilen, letztlich allesamt zerriebenes Gestein aus der Moränenfracht der Gletscher und aus dem Transportgut der größeren Flüsse, kommen noch unterschiedliche Mengen organischer Stoffe. Im hellen Sandwatt ist ihr Anteil relativ gering – die Sandkörner rinnen daher problemlos durch die Finger. Im dunklen Schlickwatt entsteht aus Ton- und Totstoffteilchen allerdings eine äußerst zähe, anhängliche Mischung.

Schwarz wie ein Kohlenkeller

Schon wenige Zentimeter unter der hellen Oberschicht beginnt im Wattboden ein tiefschwarzes Kellergeschoss. Manchmal ist es auch noch anrüchig, weil es deutlich an den „Duft“ von faulen Eiern erinnert. Die vom Flutstrom eingetragenen Stoffe werden hier unterschiedlich rasch umgesetzt. Direkt an der Oberfläche kann genügend Sauerstoff eindringen, so dass die Mikroorganismen alle organischen Stoffe vollständig abbauen können. Tiefer im Wattboden ist der Sauerstoff dagegen ständig Mangelware. Die hier arbeitenden Bakterien zerlegen die organischen Reststoffe langsamer und unvollständig. Dabei entsteht zusätzlich das pechschwarze Eisensulfid.

Zäher Schlick ist ganz schön anhänglich.

Leben im Untergrund

Die faszinierende Tierwelt des Watts erschließt sich nicht dem schnellen Blick. Nur die saisonal zahlreich vorhandenen Vögel, die bei Niedrigwasser scharenweise und eifrig im weichen Boden stochern, verraten, dass hier für viele hungrige Schnäbel genug zu holen ist – auf dem dunklen, feinkörnigen Schlickwatt beispielsweise die schlanken, nur 2–4 mm großen Wattschnecken, bis über 50 000 Tiere auf einem Quadratmeter. Oft finden sich ihre leeren Gehäuse auch massenhaft angespült an der obersten Flutlinie. Der Wattboden ist auch die Wohnung zahlreicher Muscheln. Manche bleiben oben stecken, andere sitzen wirklich tief darin. Bis zu 20 000 junge Herzmuscheln leben unter einem Quadratmeter Sandwatt.

Watt- und Watvögel

Lange Beine, spitzes Mundwerk – so könnte man viele Wattvögel kennzeichnen, die auf dem nassen Wattboden oder in seichten Prielen waten und auch Limikolen genannt werden. Vielfach findet man im Wattboden auch ihre Trampelkuhlen, Schnabelspuren oder Fußspuren. Die Arten sind im Schlichtkleid (SK) oder Prachtkleid (PK) abgebildet.

1 Austernfischer (*Haematopus ostralegus*)
2 Pfuhlschnepfe (*Limosa lapponica*) PK
3 Sanderling (*Calidris alba*)
4 Kiebitzregenpfeifer (*Pluvialis squatarola*) SK
5 Bruchwasserläufer (*Tringa glareola*)
6 Alpenstrandläufer (*Calidris alpina*)
6a: PK, 6b: SK
7 Knutt (*Calidris canutus*)
7a: PK, 7b: SK
8 Säbelschnäbler
(*Avosetta recurvirostris*)
9 Brandente (*Tadorna tadorna*)
9a: Weibchen, 9b: Männchen

Die Miesmuschelbank – ein lebendes Riff

Den blauschwarzen Miesmuscheln begegnet wohl jeder einmal bei einem Besuch unserer Küsten, beim Strandspaziergang im Angespül oder zumindest beim Gaumenschmaus im Feinschmeckerlokal. Diese weit verbreitete Muschelart führt im Vergleich zu ihren nächsten Verwandten ein recht ungewöhnliches Leben: Sie graben sich nämlich nicht in den vor Feinden schützenden Boden ein, sondern bilden auf den weiten Flächen des Wattenmeeres und felsigen Meeresklippen dichte Ansammlungen, die zu riesigen Bänken auswachsen und so einen eigenen neuen Lebensraum schaffen – ein lebendes Riff.

Gebaut auf Sand

Die Entstehung der Miesmuschelbänke (s. auch Bild S. 84) erfolgt mehrstufig. Im Prinzip genügt schon eine einzige leere Schale, damit sich erste wenige Muscheln ansiedeln. Die Verankerung erfolgt durch zahlreiche, extrem zugfähige Byssusfäden, die die Muscheln im Fuß in einer speziellen Drüse herstellen. Mit der Fußspitze heften sie die Fäden an. Zunehmend gesellen sich weitere, meist junge Artgenossen hinzu und siedeln ihrerseits auf der Gründergeneration. So entstehen nach und nach dichte Muschel-„Nester“, die sich bald zu langen „Girlanden“ und schließlich zum Netzwerk erweitern. Dann breiten sich die Tiere flächig aus und siedeln zuletzt in mehreren Stockwerken übereinander. Siedlungsdichten von 2000 erwachsenen Tieren auf einem einzigen Quadratmeter ist keine Seltenheit.

Atmen und Filtrieren

Miesmuscheln benutzen ihre Kiemen nicht nur zur Atmung, sondern auch als Filterapparat, um feine Nahrungspartikel wie Plankton oder organische Reste aus dem eingestrudelten Atemwasserstrom zu filtrieren. In der Mantelhöhle sind deshalb die Kiemen in zwei großen Doppelbögen als feinmaschige Gardinen aufgespannt, durch den sie den Wasserstrom mit winzigen schlagenden Wimpern hindurchleiten. Die Nahrungspartikel schleimt sie ein und führt sie über Wimpernbänder zu den Mundlappen. Dort findet eine abschließende Sortierung statt, quasi eine letzte Geschmacksprobe, bevor die Teilchen im Mund verschwinden. Wer an der Oberfläche der Miesmuschelbank sitzt, genießt den Vorteil, noch weitgehend unfiltriertes und damit auch nahrungsreicheres Wasser einzustrudeln. Durch Ausscheidung der nicht verwertbaren Partikel und des Kots droht eine ältere Muschelbank zunehmend zu verschlicken. Um nicht im Abfall zu

Muschelbänke im Wattenmeer

versinken, ziehen sich die Tiere durch neue, kürzere Byssus-Verankerungen jedoch buchstäblich aus der Affäre. So wächst eine Muschelbank gegenüber dem Wattboden langsam, aber stetig in die Höhe.

Auf dem Trockenen sitzen

Wenn die Muschelbänke mit der Ebbe trockenfallen, klappen die Tiere mit den Schließmuskeln ihr Gehäuse zu und machen einfach dicht. Weil jetzt aber die Zufuhr von Atemwasser und Nahrungspartikeln für mehrere Stunden abgeschnitten ist, müssen die Muscheln zwangsläufig ihren Stoffwechsel verringern. Miesmuscheln tieferer Standorte in der Dauerflutzone haben keine solchen täglichen Zwangspausen. Sie wachsen daher erheblich schneller, und außerdem bleiben hier wegen der geringeren mechanischen Beanspruchung auch die Schalenklappen viel zarter. In der Gezeitenzone haben sie dagegen den Vorteil, so gut wie keine Feinde fürchten zu müssen, denn die Seesterne dringen nicht bis hierher vor. Lediglich die ausgewachsenen Strandkrabben fordern einen bescheidenen Tribut. Den großen Eiderenten ist es egal, wo die

Junge Seenelke

Muschelbank – Lebensraum für Strandschnecken, Ankerplatz für Seepocken

Miesmuscheln wachsen. Sie tauchen auch über 50 m tief nach dieser eiweißreichen Nahrung, schlucken sie mit der Schale und zerdrücken sie erst in ihrem kräftigen Kaumagen.

Einladung zur Ansiedlung

Auf Miesmuschelbänken siedeln sich auch viele Organismen an, die sich ohne den festen und dauerhaften Siedlungsgrund Muschelschale überhaupt nicht behaupten könnten. Neben dem Blasentang – auf Miesmuschelbänken häufig in einer speziellen blasenlosen Form verbreitet – werden die Muschelschalen besonders von Seepocken und Polypenkolonien überkrustet. In den feinen Zwischenräumen leben zahlreiche Würmer, auf den Tangen finden Meeresasseln und verschiedene Schnecken einen zusagenden Lebensraum.

Erlebnistipp:

Versuchen Sie einmal, eine einzelne Miesmuschel aus ihrem Verbund herauszulösen – Sie werden staunen, wie fest die zähen Byssus-Fäden sind.

17
16
13
15
14
4
1
2
5
3
6

Lebensraum Wattenmeer

Die weiten Flächen des im Rhythmus der Tide freifallenden Wattenmeeres erscheinen auf den ersten Blick als eine lebensfeindliche Meereswüste. In Wirklichkeit aber verbirgt der Meeresboden eine ungeahnte Arten- und Formenvielfalt und gehört zu den produktivsten Lebensräumen weltweit. Das geübte Auge kann an den Spuren auf der Wattoberfläche erkennen, wer sich im Boden verbirgt.

1 Schlickkrebs (0,9 cm)
2 Herzmuschel (5 cm)
3 Pfeffermuschel (6 cm)
4 Kotpillenwurm (18 cm)
5. Grüner Seeringelwurm (90 cm)
6 Sandklaffmuschel (15 cm)
7. Wattwurm (30 cm)
8 Baltische Tellmuschel (3 cm)
9 Bäumchen-Röhrenwurm (30 cm)
10 Wattschnecke (0,6 cm)
11 Trichter des Wattwurms
12 Strandkrabbe (6–8 cm)
13 Häufchen des Wattwurms
14 Eiballen des Gefleckten Blattwurms (0,8 cm)
15 Häufchen des Kotpillenwurms
16 Austernfischer
17 Miesmuschelbänke mit Blasentang

Krebse und Stachelhäuter

Krebse sind an Land eine Seltenheit und Stachelhäuter sogar überhaupt nicht lebensfähig. Im Meer allerdings kommen sie in vielen Arten vor. Sie gehören sogar zu den Charakterformen unserer heimischen Meeresbewohner. Lassen sich die wendigen Krebse an geeigneten Stellen selbst im Flachwasser leicht beobachten, sind die Seesterne und ihre fünfstrahlig symmetrischen Verwandten am leichtesten nach Sturmtagen im Angespül – dann allerdings meist verendet – aufzuspüren. Dafür geben ihre leeren Panzer ein sehr schönes Urlaubssouvenir ab.

Flohkrebs
Gammarus salinus

Merkmale Gekrümmter, seitlich zusammengedrückter Körper; am Kopf 2 große nierenförmige Augen und 2 lange Antennenpaare, Länge bis ca. 3 cm, meist deutlich kleiner. Auf Sand- und Hartböden, auf Muschelbänken und an großen Tangen.

Lebensweise Flohkrebse leben mit mehreren Arten überall an Europas Meeresküsten. Sie grasen die Oberfläche ihrer Umgebung nach kleinen Kieselalgen und abgestorbenen Teilchen ab. Mit ihrem seitlich abgeflachten Körper gelangen sie in fast jede Ritze und können sich so auch vor ihren zahlreichen Feinden schützen.

Gespensterkrebschen
Caprella linearis

Merkmale Ungewöhnliche und unverwechselbare Körperform, am Kopf mit je 1 Paar kräftigen, beborsteten Antennen und Scheren, am Hinterende mit 3 Paar klauenförmigen Klammerbeinen. Farbe sehr variabel. Bis zu 2 cm.

Lebensweise Ihre Schwimmfähigkeit haben diese extrem angepassten Tiere verloren. Starr wie ein Ästchen sitzen die Krebschen da, bis Nahrungspartikel oder kleine Beutetiere vorbeitreiben. Dann strecken sich die ansonsten gekrümmten Tiere blitzartig und halten mit ihren Scheren die Beute fest.

Sandgarnele, Granat, Porre
Crangon crangon

Merkmale Lang gestreckter Körper. 8 Laufbeine, 1 Paar zarte schlanke Scheren. 2 Paar Antennen, eines peitschenförmig ausgezogen. Länge bis zu 8 cm. Farbe dem Untergrund angepasst. Auf Sandböden in der Gezeiten- und Flachwasserzone, häufig in den Prielen des Wattenmeeres.

Lebensweise Diese häufigen Krebse werden mit leichten Grundschleppnetzen gefangen. An Land kommen sie als „Krabben“ in den Handel. Die größeren Weibchen gelangen zum Verzehr auf den Markt, die kleineren Männchen werden auch zu Fischmehl verarbeitet.

Einsiedlerkrebs
Pagurus bernhardus

Merkmale Erkennbar am Schneckengehäuse, das die Tiere ständig mit sich herumtragen. Gestielte Augen, 2 peitschenförmige Antennen, 2 ungleiche Scheren. Länge 10 cm.
Lebensweise Ohne fremdes Gehäuse wäre der weichhäutige Hinterleib völlig ungeschützt und ein leichtes Opfer räuberischer Fische und Artgenossen. Mit der Schale sind die Tiere hervorragend gegen Feinde gewappnet. Mit jedem Wachstums- und damit Häutungsschub muss das Gehäuse gewechselt werden. Einsiedlerkrebse sind Ernährungskünstler: Sie fressen Aas und kleine Wirbellose. Mit ihren fein gefiederten Mundwerkzeugen filtrieren sie aber auch Plankton aus dem Wasser. Auf Weich- und Felsböden, auch in Prielen und Gezeitentümpeln.

Strandkrabbe, Dwarslöper
Carcinus maenas

Merkmale Fünfeckiger Rückenpanzer, an der Vorderseite gesägt, Antennen sehr kurz, 4 Laufbeinpaare, 1 Paar kräftige Scheren. Farbe braun bis grünlich. Körperbreite 6–8 cm.
Lebensweise Auf den gelenkigen Beinen können die Tiere sehr schnell (auch seitwärts) laufen. Bei Gefahr strecken sie dem Angreifer die Scheren entgegen und schlagen sie blitzschnell zusammen. Als Nahrung dienen Würmer, Mollusken und Aas.

Muschelwächter, Erbsenkrabbe
Pinnotheres pisum

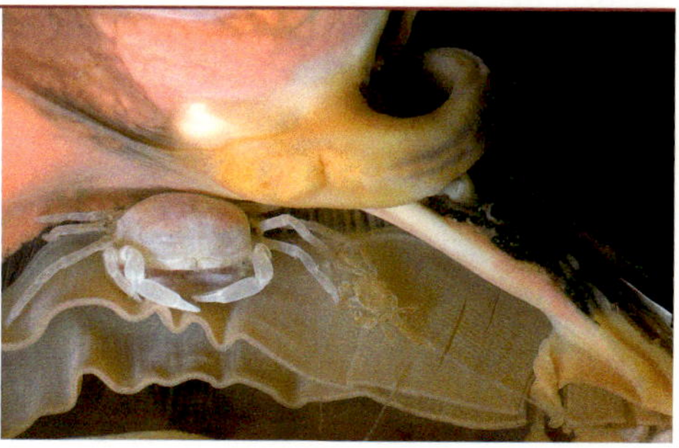

Merkmale Rückenpanzer rundlich, beim Weibchen sehr weich. 4 Paar zarte Laufbeine, 1 Paar kleine Scheren. Farbe blassgelb bis braun. Körperbreite bis zu 1,3 cm, Männchen deutlich kleiner (siehe Foto) und mit festem Panzer.
Lebensweise Diese eigentümlichen Krabben leben als Parasiten in großen Muscheln und ernähren sich dort von der eingeschleimten Nahrung ihres Wirts. Weibchen leben ständig in einer Muschel, Männchen wandern zwischen ihnen umher und sitzen häufig am Mantelrand der geöffneten Wirtstiere („Wächter“).

Taschenkrebs
Cancer pagurus

Merkmale Rückenpanzer fast doppelt so breit wie lang, seitlich mit zahlreichen Einkerbungen. 4 Paar kleine Laufbeine, 1 mächtiges Scherenpaar mit schwarzen Spitzen, braun bis ziegelrot. Panzerbreite bis zu 30 cm.

Lebensweise Mit ihren großen Scheren (helgoländisch „Knieper") zermalmen die Taschenkrebse selbst große Muschelschalen und Krebspanzer. Auch kleinere Hummer sind nicht vor ihnen sicher. Werden in Körben und Stellnetzen gefangen; zum Verzehr kommt in Deutschland nur das Scherenfleisch. Auf Felsgründen, Schiffwracks und an Molenwänden, von der Gezeitenzone an abwärts, besonders häufig rund um Helgoland.

Seestern
Asterias rubens

Merkmale Körperscheibe mit 5 Armen. Oberseite mit kleinen, gegeneinander beweglichen Stachelplatten. In der Mitte der Unterseite sitzt der Mund. Arme unterseits mit zahlreichen Füßchen, die Saugnäpfe tragen, auf denen sich die Tiere fortbewegen. Oberseits hellgelb, orange, violett bis fast schwarz. Durchmesser bis zu 30 cm.

Lebensweise Der Seestern zählt zu den Charakterarten unserer Meeresfauna. Seine Lieblingsspeise stellen Miesmuscheln dar, deren Klappen er mit seinen Saugfüßchen auseinander zieht und mit seinem Magensaft lähmt.

Schuppiger Schlangenstern
Amphipholis squamata

Merkmal Runde bis fünfeckige Körperscheibe, Arme schlank und sehr beweglich. Scheibe bis zu 5 mm breit, Arme bis zu 2 cm.

Lebensweise Dieser Schlangenstern kriecht geschickt mit seinen fünf Armen umher und löst mit seinem Kau-Apparat kleine Lebewesen von der Oberfläche.

Erlebnistipp:

Den Feinbau eines Seeigelgehäuses erkennt man besonders eindrucksvoll, wenn man es von innen mit einer Taschenlampe beleuchtet.

Kleiner Strandigel
Psammechinus miliaris

Merkmale Körper dicht mit grünlichen Stacheln besetzt, kuppelförmiger Körperpanzer, auf der Unterseite völlig abgeflacht. Bis zu 4,5 cm breit.
Lebensweise Leere Gehäuse, von denen die Stacheln bereits abgefallen sind, werden zuweilen an den Strand angespült. Die in vielen Rippen angeordneten Halbkugeln auf der Oberfläche stellen die als Kugelgelenk konstruierten Ansätze der Stacheln dar.

Essbarer Seeigel
Echinus esculentus

Merkmale Gehäuse unterseits abgeflacht, oberseits hoch gewölbt, mit kurzen Stacheln. Farbe schwankt zwischen blassrot und kräftig rotviolett, Stacheln heller. Breite bis zu 16 cm.
Lebensweise Die Geschlechtsdrüsen sind (angeblich) sehr schmackhaft (Name). Die zerbrechlichen Gehäuse werden nur selten vollständig angespült, sie zerfallen bereits in der Brandung.

Zwergseeigel
Echinocyamus pusillus

Merkmale Körper mit dichtem, kurzem Stachelpelz vollständig bedeckt, irisiert im Sonnenlicht, sonst blassgrün. Angespülte Schalen sehr flach, rein bis schmutzig weiß. Bis zu 1,5 cm breit.
Lebensweise Zwergseeigel leben eingegraben im Sediment und durchwühlen dieses nach Mikroorganismen und Algenresten. Eng verwandt sind die berühmten „Sanddollars“ der tropischen Küsten.

Kleiner Herzigel
Echinocardium cordatum

Merkmale Rundlich ovale Schale mit dichtem Stachelpelz. Länge bis zu 9 cm.
Lebensweise Den dichten Stachelpelz tragen die Tiere nur im Lebendzustand. Im Angespül findet man dagegen viel häufiger die zarten Gehäuse, an denen nur die Ansatzstellen der Stacheln sichtbar sind. Herzigel leben im Boden vergraben. Sie ernähren sich von kleinen, unzerkleinert verschluckten Wirbellosen aus dem Sediment.

Vom Strand zu den Dünen

Auch an einer Weichbodenküste grenzt das Festland nicht so haarscharf an den Meeresstrand, wie die Landkarte unterstellt. Dazwischen liegt jeweils eine unterschiedlich breite Zone, die zwar erkennbar zum Land gehört, aber vom Meer nachhaltig geformt wurde. Massenhaft schleppen die Gezeiten vom Meeresboden Sande unterschiedlicher Korngrößen heran, lagern sie in stillen Buchten ab oder ziehen sie zu kilometerlangen Stränden auseinander – das typische Ferienparadies aus dem Reisekatalog. An Land geht der Sandtransport weiter. Jetzt ist nicht mehr das Wasser, sondern der Wind ein überaus leistungsfähiges Versand(ungs)-Unternehmen.

Sand in Serie

Blauer Himmel, heiße Sonne, leichte Brise – mit einem kühlen Getränk am Strand liegen und die Ferien im blanken Sand genießen, ist jetzt das Größte. Irgendwann knirscht er jedoch zwischen den Zähnen, und die Augen spüren ihn auch: Der auflandige Wind trocknet den Strand an der Oberfläche aus und hat dann leichtes Spiel mit den feinen Sandkörnern. Tütenweise treibt er sie vor sich her und schüttet sie am oberen Strand in flachen Wällen auf. Kaum haben sich die ersten Sandhügel aufgeschichtet, sind auch schon die ersten Landpflanzen zur Stelle: Strand-Quecken, hier und da ein Meersenf und hellgrüne Strandmieren teilen sich den windigen St(r)andort.

Lockere Verhältnisse

Wind hält die Sandlieferung von unten in Gang. Allmählich wachsen die flachen Sandwälle in die Höhe und bilden steile Sandberge: Die flache Vordüne wird zur kuppigen Weißdüne. Jetzt helfen Gräser das lockere Machwerk befestigen – Strandroggen mit breiten, blaugrauen und Strandhafer mit schmalen, graugrünen Blättern. Da sie an vorderster Front stehen, sehen sie immer ein wenig nach

Primärdüne auf Juist

Große Wanderdüne im Listland/Sylt

Sturmfrisur aus. Obwohl der einprasselnde Flugsand wie ein Sandstrahlgebläse wirkt, kann er den harten Blättern wenig anhaben.

Verschütten kein Problem

Dünengräser sind erstaunlich übersandungsfest. Zugeschüttet bilden sie einfach neue Wurzeletagen und kommen mit frischen Trieben wieder zum Vorschein. Dünen schützen das Land. Mit künstlichen Anpflanzungen von Dünengräsern versucht man daher, Dünen auf Dauer festzulegen. Weil sie eine natürliche Hochwasserbarriere bilden, darf man Dünen meist nicht betreten, denn Trampelpfade zerstören die Pflanzendecke. Windanrisse könnten jetzt erneut Bewegung in die Düne bringen und ihre Sandmassen weitflächig verlagern.

Alte Dünen werden grau

Sobald die Dünengräser den Sand gegen Verwehung schützen, finden sich weitere Pflanzen ein – Silbergras, Sand-Segge, Sanddorn und Kriech-Weide. Jetzt sammelt sich eine dünne Humushaut an, auf der Moose wachsen können. Man sieht keinen blanken Sand mehr wie in der Weißdüne, und die Bodenfarbe wechselt nach Grau: Wir stehen in der Graudüne. Schließlich erobern Zwergsträucher wie Besenheide und Krähenbeere die Düne: Die Graudüne wird zur ziemlich stabilen Braundüne.

Vögel am Strand und Vorstrand

Im freien Wasser vor der Strandlinie, an ruhigen Sandstränden auch im Bereich der Wasserlinie, halten sich neben den Regenpfeifern auch verschiedene Meerenten auf. Manche von ihnen, wie die Eisente im Ostseeraum, kommen zum Überwintern. Auch Säger und Taucher sind an den Küsten meist nur seltenere Gäste. PK Prachtkleid, SK Schlichtkleid; ♂ Männchen, ♀ Weibchen

1 Eiderente (*Somateria mollissima*) PK, 1a: SK
2 Eisente (*Clangula hyemalis*) 2a: SK
3 Pfeifente (*Anas penelope*)
4 Trauerente (*Melanitta nigra*)
5 Samtente (*Melanitta fusca*)
6 Seeregenpfeifer (*Charadrius alexandrinus*)
7 Sandregenpfeifer (*Charadrius hiaticula*)
8 Zwergsäger (*Mergus albellus*)
9 Mittelsäger (*Mergus serrator*)
10 Gänsesäger (*Mergus merganser*)
11 Prachttaucher (*Gavia arctica*) 11a: SK

11
11a
10
♀
10
♂
♂
9
♀
♀
8
♂
♀
6
7

Tiere der Strände und Dünen

Die Strände und Sanddünen unserer Küsten erinnern ein wenig an kleine Wüsten, und entsprechend werden sie nur von wenigen Spezialisten besiedelt – ein klarer Hinweis darauf, dass nur besondere Anpassungsmechanismen und Verhaltensweisen ein Überleben in diesem extremen Lebensraum im Übergang vom Meer zum Land ermöglichen.

Strandfloh
Talitrus saltator

Merkmale Körper seitlich zusammengedrückt, am Hinterleib je 3 Paar lange, nach hinten gerichtete Sprung- und Schwimmbeine. Farbe milchgrau, zuweilen mit dunklen Punkten und Streifen. Länge bis zu 1,5 cm.

Lebensweise Mit der Dämmerung graben sich die kleine Krebse aus dem Boden aus und suchen mit ihren Antennen nach Nahrung im frischen Angespül des Meeres. Auf diese Weise tragen sie wesentlich zur Zersetzung des angespülten Materials bei. Bei Gefahr können sie bis zu 30 cm weit springen (daher der Name „Floh"), indem sie den gekrümmten Hinterleib blitzschnell strecken und sich abstoßen.

Salzkäfer
Bledius arenarius

Merkmale Sehr schlanker, glänzend schwarzer Körper mit sehr kurzen Flügeldecken. Bis zu 0,9 cm lang.

Lebensweise Der Salzkäfer gehört zu einer ganzen Reihe von Kurzflügelkäfern mit hoch spezialisierter Lebensweise in der Übergangszone von Land und Meer. Sie ernähren sich von mikroskopisch kleinen Algen. Der Strandwanderer erkennt ihr Vorkommen besonders an den typischen kleinen Sandhäufchen, die sie als Abraum beim Bau ihrer bis zu 12 cm tiefen Wohnröhren anhäufen. An die Decke der kleinen Seitenkammern heften sie frei hängend einen kleinen Kotballen und darauf wiederum jeweils ein einzelnes Ei. Für die etwa 3 Wochen geschützt in der Wohnröhre lebenden Larven haben die Elterntiere zuvor ein Algenpolster als Nahrungsspeicher angelegt.

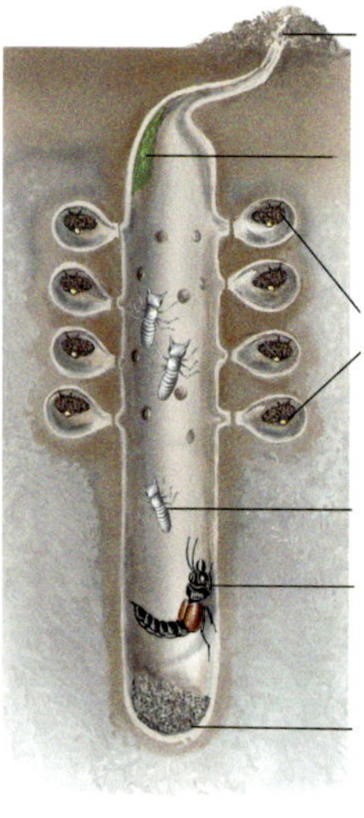

Kreuzkröte
Bufo calamita

Merkmale Kräftige Kröte; unverwechselbar durch hellen Rückenstrich vom Kopf übers Kreuz (Name!!) bis zum Hinterende. Farbe bräunlich bis grünlich. Länge bis zu 8 cm.
Lebensweise Kreuzkröten leben an der Küste in den ausgedehnten Dünen. Tagsüber vergraben sich die Tiere, nachts gehen sie auf Jagd nach Spinnen und Insekten. Zur Fortpflanzung unternehmen sie im Frühling weite Wanderungen und sammeln sich in den feuchten Dünentälern, um dort in kleinen Seen und Pfützen abzulaichen. Der sonore Ruf der Männchen ist dann weithin in der Landschaft zu hören.

Wald- oder Bergeidechse
Lacerta vivipara

Merkmale Zierliche, gestreckte Echse. Männchen mit hellerer Kehle und gepunkteter Unterseite. Bis zu 16 cm.
Lebensweise Anders als ihre engsten Verwandten legen die Bergeidechsen ihre Eier nicht in den Boden, sondern bringen lebende Junge zur Welt. Dies ermöglicht ihnen eine größere Unabhängigkeit von den Gegebenheiten ihres Lebensraums. Nachdem sie sich in der Morgensonne aufgeheizt haben, gehen die Echsen auf Jagd nach Spinnen, Insekten und deren Larven.

Kaninchen
Oryctolagus cuniculus

Merkmale Aussehen allseits bekannt. Bis zu 45 cm.
Lebensweise Der lockere Boden der Dünenlandschaften bietet ein ideales Terrain zum Bau von Wohnröhren und Gängen. Zuweilen werden die Dünen von Kaninchenbauten so stark durchlöchert, dass die bereits durch Wurzelverdichtung verfestigte Bodendecke einstürzt und so Erosionsprozesse einsetzen. Andererseits fördern Kaninchen das Pflanzenwachstum durch die oberflächliche Verteilung ihrer Losung. Als Nahrung dienen ihnen frische Pflanzensprossen, im Winter werden auch Bäumchen und Büsche angenagt. Weil in der offenen Dünenlandschaft kaum Füchse oder Wiesel Deckung finden, fehlt es häufig an natürlichen Feinden.

Möwen und Seeschwalben an Nord- und Ostsee

Tanggeruch und Möwengeschrei kündigen das Meer an. Am Strand und in Häfen halten sich die mächtigen Silber- und Mantelmöwen sowie die kleineren Sturm- und Lachmöwen auf. Die Jungtiere der großen Möwen unterscheiden sich in ihrem grau-braunen Jugendkleid deutlich von den Alttieren. Neben den Möwen fallen die Seeschwalben, elegante, leuchtend weiße Vögel mit auffällig langen, schlanken Flügeln auf.

1 Mantelmöwe (*Larus marinus*)
2 Sturmmöwe (*Larus canus*)
3 Heringsmöwe (*Larus fuscus*)
4 Silbermöwe (*Larus argentatus*) (vorn Alttier, hinten Jugendkleid)

5 Eismöwe (*Larus hyperboreus*)
6 Schwarzkopfmöwe (*Larus melanocephalus*)
7 Lachmöwe (*Larus ridibundus*) im Brutkleid und im Winter ohne braune „Maske“
8 Zwergmöwe (*Larus minutus*)
9 Zwergseeschwalbe (*Sterna albifrons*)
10 Raubseeschwalbe (*Sterna caspia*)
11 Brandseeschwalbe (*Sterna sandvicensis*)
12 Küstenseeschwalbe (*Sterna paradisaea*)
13 Flussseeschwalbe (*Sterna hirundo*)

Dünenpflanzen

Auf den ersten Blick scheint die Pflanzendecke der Vor-, Weiß- und Graudünen nur aus graugrünen Gräsern zu bestehen. Hier und da zeigt sich aber dennoch etwas kräftigere Farbe, denn die Düne ist auch Lebensraum etlicher weiterer Pflanzenarten, die sich erfolgreich gegen die Faktoren Salz und Sand behaupten.

Salzmiere
Honkenya peploides

Merkmale Mehrjährige, gelb- bis frischgrüne Pflanze, 5–30 cm hoch. Blätter sitzend. Blüten um 5 mm breit, die weißen Kronblätter von den grünen Kelchblättern überragt. Kapselfrüchte kugelig. Blütezeit Juni–Juli.
Lebensweise Erinnert im Aussehen an kleine Nadelbäume, übersteht auch längere Trockenzeiten. Häufig und weit verbreitet.

Stranddistel
Eryngium maritimum

Selten, aber gesellig in lückigen Weißdünen, meist auf deren Luvseite. Geschützt (Rote Liste)!

Merkmale Zwei- bis mehrjährige, kräftige Pflanze 20–70 cm hoch. Blätter lederig derb, kräftig dornig gezähnt. Einzelblüten unscheinbar, zahlreich in dichten Dolden. Blütezeit Juni–Juli.
Lebensweise Oft stahlblau überlaufen, außerordentlich derb und daher versandungsfest. Erinnert eher an eine Distel als an einen Doldenblüter.

Erlebnistipp:

Den Viele Dünenpflanzen sind richtige Dickhäuter: Sie schützen ihre Stängel und Blätter mit einer äußerst derben Oberhaut, die auch einem Sandstrahlgebläse standhält.

Meersenf
Cakile maritima

Merkmale Einjährige, breit buschige, meist hellgrüne Pflanze, bis zu 50 cm hoch. Blätter bis zu 6 cm lang, dickfleischig. Blüten zahlreich in verlängerten Trauben, weißlich oder hellviolett-rosa. Schoten bis zu 2,5 cm lang. Blütezeit Juli–Okt.

Lebensweise Blüten duften angenehm. Schoten im oberen Teil dolchartig verlängert.

Strand-Zaunwinde
Calystegia soldanella

Merkmale Mehrjährig, bis zu 50 cm lang, verzweigt. Blätter wechselständig, fast kreisrund, etwas fleischig, bläulich grün. Blüten lang gestielt. Krone trichterförmig, bis zu 4 cm breit, kräftig rosa bis blasspurpurn, mit 5 weißen Streifen. Blütezeit Juni–Aug.

Lebensweise Die kurzen, kriechenden Stängel steigen an den Enden leicht auf und winden im Unterschied zu den Verwandten kaum. Die hellen Streifen in der Blüte sind Wegweiser für die Besucherinsekten. Vor- und Weißdünen. Mittelmeer-, Atlantikküsten; an der Nordsee selten. Geschützt (Rote Liste)! Verwechslungsmöglichkeit mit stark windender Unterart der Gewöhnlichen Zaunwinde (*C. sepium* ssp. *baltica*) und der großblütigen Schönen Zaunwinde (*C. pulchra*) aus Nordostasien).

Dünen-Stiefmütterchen
Viola tricolor

Merkmale Ein- bis mehrjährige kleine Pflanze, 10–20 cm hoch, mit aufsteigendem oder aufrechtem Stängel. Blätter wechselständig, gestielt, länglich oval bis breit lanzettlich. Nebenblätter schmal und leicht fleischig. Blüten einzeln lang gestielt, 1,5–2 cm lang. Kronblätter meist einheitlich violett, nur im Schlundbereich gelb, gelegentlich auch dreifarbig, dann die beiden oberen Kronblätter dunkler als die unteren oder seitlichen. Blütezeit Mai – Sept.

Lebensweise Bildet eine eigene Form (var. *maritima*) mit unklarer Abtrennung von anderen Varietäten dieser formenreichen Art. Eventuell Verwechslungsmöglichkeit mit Formen des Hunds-Veilchens (*V. canina*). Zerstreut, aber meist gesellig auf Weißdünen an allen Küsten, aber auch auf anderen küstennahen Sandfluren.

Landleben am Meer

Vom Land bestimmt, aber vom Meer geformt – der Lebensraum Düne entwickelt sich ständig. Seeseitig lagern sich neue Sandkuppen an, landseitig tragen die gealterten Dünen eher eine geschlossene Pflanzendecke mit Heidecharakter und fallweise sogar kleine Kiefernwäldchen.

1 Strandhafer (*Ammophila arenaria*)
2 Strandroggen (*Leymus arenarius*)
3 Kali-Salzkraut (*Salsola kali*)

4 Strand-Platterbse (*Lathyrus maritimus*)
5 Stranddistel (*Eryngium maritimum*)
6 Sand-Veilchen (*Viola canina*)
7 Scharfer Mauerpfeffer (*Sedum acre*)
8 Sand-Thymian (*Thymus serpyllum*)
9 Sandglöckchen (*Jasione montana*)
10 Dünenmoos (*Tortula ruralis*)
11 Rentierflechte (*Cladonia rangiferina*)
12 Besenheide (*Calluna vulgaris*)
13 Krähenbeere (*Empetrum nigrum*)
14 Kriech-Weide (*Salix repens*)
15 Stechginster (*Ulex europaeus*)
16 Dünen-Rose (*Rosa pimpinellifolia*)
17 Sanddorn (*Hippophae rhamnoides*)
18 Silbergras (*Corynephorus canescens*)
19 Wald-Kiefer (*Pinus sylvestris*)
20 Schwarzgefleckter Bläuling (*Maculina arion*)
21 Sandlaufkäfer (*Cicindela campestris*)
22 Brombeer-Zipfelfalter (*Callophrys rubi*)

Salzwiesen und Kulturland

Natürliche Wiesen gibt es in Mitteleuropa nur am oberen und unteren Ende der Höhenstufenskalierung – einerseits als alpine Matten oberhalb der klimatischen Baumgrenze und andererseits als Salzwiese im Gezeitenbereich von Weichsubstratküsten. Die buntblumigen Wiesen der Mittelgebirgsregion, gerne als Leitbilder urwüchsiger Natur zitiert, bestehen dagegen ausnahmslos aus anthropogenen Pflanzengesellschaften. Während Dünen sich nur hinter Sandstränden entwickeln, bilden sich die blumigen Salzwiesen dort, wo das Vorland mit Schlick endet. Dünen bleiben normalerweise immer hochwasserfrei. Die Salzwiese erlebt jedoch vor allem zur Zeit der Springtiden regelmäßige Untergänge.

Salzwiese auf Hallig Gröde

Typenreich

Sandsalzwiesen entwickeln sich im Schutz von Strandwällen (z. B. Südwesten der Halbinsel Eiderstedt), von Sandbänken (z. B. Trischen nördlich der Elbmündung) oder im Lee der großen Düneninseln (z. B. Ostplate von Spiekeroog, Lister Tidebecken/Sylt). Ästuarsalzwiesen erstrecken sich im Bereich von Flussmündungen (z. B. Neufelder Vorland/Tideelbe, eingedeichte Eidermündung). Vorlandsalzwiesen nehmen heute den größten Teil der Salzwiesenstandorte an der Nordseeküste ein. Sie erstrecken sich im Deichvorland und gehen überwiegend auf technisch gestützte Sedimentation und Landgewinnung vor der Deichlinie zurück. Eine Besonderheit sind die Windwatt-Salzwiesen an der Ostsee.

Andersartig

Die Blütenpflanzen der Salzwiesen sehen völlig anders aus als auf einer üblichen Mähwiese. Sie müssen hier mit dem Meersalz fertig werden, das für Landpflanzen normalerweise giftig ist. Dazu schränken sie vor allem ihren Wasserverbrauch ein – die Blätter bleiben klein und werden dick. Diese Erscheinung nennt man Sukkulenz – man findet sie auch bei Wüstenpflanzen. Der Strand-Wegerich hat noch klar erkennbare Blätter. Beim Strand-Milchkraut sind sie nur noch wenige Millimeter lang. Und der kakteenähnliche Queller im unteren Teil der Salzwiese besitzt nur noch stark verdickte Stängel.

Quellerwatt im Spätsommeraspekt

Klar gestaffelt

Die am weitesten seewärts vorgeschobenen Blütenpflanzengürtel sind die Seegraswiesen. Pioniergesellschaft im Verlandungsbereich des Watts und Wegbereiter der eigentlichen Salzwiesen ist die Queller-Gesellschaft mit den Sippen der umfangreichen Sammelart Queller. Wenn der Wattboden bis etwa zur mittleren Hochwasserlinie aufgehöht ist, beginnt die hohe Salzmarsch und damit die eigentliche Salzwiese. Hier breitet sich die untere Salzwiese (Wattwiese) mit echten Gräsern aus. Sie wird an Prielrändern oder Flutmulden landeinwärts von der oberen Salzwiese abgelöst und tritt mit blumigen Arten auf, als Strandnelkenwiese oder als Strandfliedergesellschaft.

Erlebnistipp:

Über die Futterwiesen im Binnenland rollen ihre Blühwellen vor allem im Spätfrühjahr. Die natürlichen Salzwiesen an der Küste haben ihre Hauptblühsaison erst im fortgeschrittenen Hoch- und Spätsommer.

Wat(t)vögel in der Salzwiese

Nicht nur die freien Wattflächen, sondern auch die angrenzenden Salzwiesen mit ihren Prielrändern und Abbruchkanten sind für die langbeinigen Limikolen (wie man die Verwandtschaft der Watvögel nennt) eine ergiebige Nahrungsquelle. Vor allem während der Zugzeiten kann man hier viele Arten in hoher Individuendichte beobachten, darunter auch die grauschwarzen Meergänse. PK Prachtkleid

1 Grünschenkel (*Tringa nebularis*)

2 Goldregenpfeifer (*Pluvialis apricaria*) PK
3 Uferschnepfe (*Limosa limosa*)
4 Dunkler Wasserläufer (*Tringa erythropus*)
5 Großer Brachvogel (*Numenius arquata*)
6 Rotschenkel (*Tringa totanus*)
7 Kampfläufer (*Philomachus pugnax*) PK
8 Ringelgans (*Branta bernicla*)
9 Kanadagans (*Branta canadensis*)
10 Weißwangengans (*Branta leucopsis*)

Salzpflanzen

Normale Landpflanzen gedeihen nicht im Meerwasser. Die Arten der Salzwiesen sind allesamt ökologische Spezialisten, die dem Salzstress mit besonderen Tricks begegnen. Unter anderem enthalten sie immer mehr Salz als der Boden, sonst könnten sie überhaupt kein Wasser aufnehmen. Einige schwitzen überschüssige Salzfracht über besondere Blattdrüsen wieder aus.

Gewöhnliches Seegras
Zostera marina

Merkmale Mehrjährig, grasartige, flutende Blättern, 30–100 cm lang. Blätter 3–9 mm breit. Blüten unscheinbar. Bestäubung im Wasser.
Lebensweise Bildet die am weitesten seewärtigen, weit außerhalb des Verlandungsbereichs wachsenden Blütenpflanzenbestände, auch bei Niedrigwasser ständig überflutet, in der Ostsee vor Hiddensee und Rügen sogar bis 11 m Tiefe. Vom Strand aus sind ihre dunklen Streifen gut zu erkennen. Für marine Tierarten außerordentlich bedeutsam, beispielsweise für die Jugendstadien vieler Nutzfischarten.

Zwerg-Seegras
Zostera noltii

Merkmale Mehrjährig, mit grasartig schmalen, flutenden Blättern, 10–40 cm lang. Blätter um 1 mm breit.
Lebensweise Erträgt das Trockenfallen im Gezeitenrhythmus, bildet lückige bis weitflächige Rasen. Zwergseegraswiesen sind wichtige Weidegründe für Ringelgänse. Beide Seegrasarten sind Verwandte der Laichkräuter in Binnengewässern.

Queller
Salicornia europaea

Merkmale Einjährig. Stängel dickfleischig, 10–30 cm hoch, grasgrün, ab Spätsommer intensiv karminrot. Blätter schuppig verkleinert. Blüten unauffällig. Bestäubung im Wasser.
Lebensweise Die Queller-Sippen bilden die Pioniergesellschaft im Verlandungsbereich des Watts und sind Wegbereiter der eigentlichen Salzwiesen.

Strand-Milchkraut
Glaux maritima

Merkmale Mehrjährig, zierlich. Stängel liegend oder aufsteigend, bis zu 15 cm lang, dicht blättrig, dicklich. Blätter gegenständig, sitzend, klein, spitz. Blüten bis zu 4 mm breit, Kronblätter fehlen, Kelchblätter weißlich rosa, zur Mitte purpurn. Blütezeit Mai–Aug.
Lebensweise Wächst dichtrasig und gesellig in den Salzwiesen vom oberen Quellerwatt bis zum Andelrasen.

Strand-Tausendgüldenkraut
Centaurium littorale

Merkmale Zierlich, mit Blattrosette, 5–25 cm hoch. Rosettenblätter bis zu 5 mm breit. Blüten 4–7 mm breit. Kronblätter rosarot, selten auch weißlich. Blütezeit Juli – Sept.
Lebensweise Die Blüten öffnen sich nur bei vollem Sonnenschein. Selten in lückigen Salzwiesen, durch Beweidung oft klein und unauffällig. Geschützt (Rote Liste!).

Salz-Schuppenmiere
Spergularia salina

Merkmale Ein- oder mehrjährig, 5–10 cm hoch. Blüten bis zu 8 mm breit. Krone rosarot. Kelchblätter drüsig behaart. Blütezeit Mai–Sept.
Lebensweise Am gleichen Standort die ähnliche Flügel-Schuppenmiere (*S. maritima*) mit über 8 mm breiten Blüten. Oft in großen Beständen auf Schlick- und Salztonböden.

Tipp:
Quellerpflanzen lassen sich nach gründlichem Waschen und leichtem Andünsten zu einem recht schmackhaften Wildpflanzengemüse zubereiten.

13
4
1
6
2
3
5
14
gb

Leben in der Salzwiese

Der Lebensraum dieser Pflanzen wird selten, aber regelmäßig von der Flut erreicht und der Boden mit Meersalz imprägniert. Fast alle Pflanzenarten zeigen das Kennzeichen der Salzsukkulenz – kleine, dickfleischige Blätter.

1 Strandflieder (*Limonium vulgare*)
2 Salz-Aster (*Aster tripolium*)
3 Strandnelke (*Armeria maritima*)
4 Andelgras (*Puccinellia maritima*)
5 Strand-Dreizack (*Triglochin maritimum*)
6 Schlickgras (*Spartina anglica*)
7 Keil-Melde (*Atriplex portulacoides*)
8 Spieß-Melde (*Atriplex prostrata*)
9 Strand-Melde (*Atriplex littoralis*)
10 Strand-Wegerich (*Plantago maritima*)
11 Salzschwaden (*Puccinellia distans*)
12 Strand-Wermut (*Artemisia maritima*)
13 Austernfischer (*Haematopus ostralegus*) mit 14 Küken

Boddengewässer mit Salzröhricht

Die inneren Küstengewässer der Ostsee wie die Schlei, die Wismar-Bucht und das Salzhaff sowie die vorpommerschen Bodden bieten mit ihren geschützten, buchtenreichen Flachwasserzonen zahlreichen Fischen und Vögeln ideale Lebensräume. Tier und Pflanzen fressende Arten finden durch das üppige Angebot an Muscheln, Krebsen und Unterwasserpflanzen reichlich Nahrung zur Aufzucht ihrer Jungen und zum Überwintern.

1 Brackwasser-Felsgarnele (*Palaemonetes varians*)
2 Bauchige Wattschnecke (*Hydrobia ventrosa*)
3 Lagunen-Herzmuschel (*Cerastoderma lamarckii*)
4 Eiförmige Schlammschnecke (*Radix ovata*)
5 Gewöhnliche Kahnschnecke (*Theodoxus fluviatilis*)
6 Miesmuschel (*Mytilus edulis*)

7 Sandgrundel (*Pomatoschistus microps*)
8 Zander (*Stizostedion lucioperca*)
9 Jungheringe im Schwarm (*Clupea harengus*)
10 Flussbarsch (*Perca fluviatilis*)
11 Neunstacheliger Stichling (*Pungitius pungitius*)
12 Dreistacheliger Stichling (*Gasterosteus aculeatus*)
13 Bartmeise (*Panurus biarmicus*)
14 Seeadler (*Haliaeetus albicilla*)
15 Schilf (*Phragmites australis*)
16 Kamm-Laichkraut (*Potamogeton pectinatus*)
17 Großes Nixkraut (*Najas marina*)
18 Wasser-Hahnenfuß (*Ranunculus baudotii*)

Pflanzen an Ruderalplätzen

Auch im Siedlungsraum und entlang von Wegen oder Straßen, also an typischen Ruderalstandorten, finden sich küstentypische, aber nicht ausschließlich auf die Strandlinie festgelegte Pflanzenarten. Auch sie ertragen das Meersalz deutlich besser als andere Blütenpflanzen.

Runzel-Rose
Rosa rugosa

Merkmale Sommergrüner Strauch, bis etwa 2 m hoch, dicht mit nadeldünnen Stacheln. Blätter grubig-runzlig. Blüten bis zu 8 cm breit, rosarot oder weiß, Kronblätter vorne herzförmig. Hagebutten groß, kugelig, bis zu 2 cm Durchmesser. Blütezeit Mai–Juni.

Lebensweise Stammt aus Ostasien, vielfach als Dünenschutz angepflanzt, verwildert, heute eingebürgert. Gelegentlich in Mischbeständen mit einer ähnlichen, aber weniger bestachelten Form, die schlankere Hagebutten trägt.

Erdbeer-Klee
Trifolium fragiferum

Merkmale Mehrjährig, mit kriechenden Stängeln, 10–20 cm lang, trittfest. Fliederblätter bis zu 2 cm lang und 1,5 cm breit. Blüten mit rosa bis weißlichen Kronen, zahlreich in lang gestielten Köpfen, zur Blütezeit etwa 1 cm breit. Blütezeit Juni–Sept.

Lebensweise Die zur Fruchtzeit mit aufgeblasenen, bis über 1,5 cm breiten Kelche erinnern an unreife Erdbeeren. Selten bis verbreitet auf nährstoffreichen, tonigen Salzböden. Beweidete Salzwiesen, Trittrasen, Wegränder. Nordsee- und Ostseeküsten, selten auch im Binnenland.

Erlebnistipp:

Die kurzlebigen, aber äußerst dekorativen Blüten der Nachtkerzen zeigen eine einzigartige Besonderheit: Sie öffnen sich am Spätnachmittag bzw. Frühabend innerhalb weniger Minuten mit vernehmlichem Knistern.

Kleinblütige Nachtkerze
Oenothera parviflora

Merkmale 50–200 cm hoch. Blätter bis zu 15 cm lang, hellgrün, oft weinrot überlaufen. Blüten mit sattgelben Kronen, bis zu 3,5 cm breit. Blütezeit Juni–Aug.
Lebensweise Blüten sehr kurzlebig, nach dem Aufblühen nur bis zum folgenden Mittag. Wurde um 1620 aus Nordamerika eingebürgert.

Strandkamille
Tripeurospermum maritimum

Merkmale Oft buschig verzweigt, bis zu 45 cm lang. Blütenköpfe 2–5 cm breit, Zungenblüten weiß, Röhrenblüten dottergelb. Blütezeit Juli–Okt.
Lebensweise Häufig und oft in größeren Beständen auf Strandwällen entlang der Spülsäume, auf salzbeeinflussten Geröllflächen, an Wegrändern und Plätzen in Strandnähe.

Tataren-Lattich
Lactuca tatarica

Merkmale Mehrjährig, 30–100 cm hoch. Rosettenblätter zur Blütezeit meist vertrocknet. Blütenköpfe bis zu 1,8 cm breit, blauviolett. Blütezeit Juli–Aug.
Lebensweise Alle Teile der Pflanze führen Milchsaft. Stammt aus den asiatischen Steppengebieten. Seit etwa 1900 im Gebiet.

Dänisches Löffelkraut
Cochlearia danica

Merkmale Ein- oder zweijährig, 2–10 cm lang. Untere Blätter gestielt und herzförmig. Blüten bis zu 4 mm breit, mit weißen, schmalen Kronblättern. Blütezeit Mai–Juni.
Lebensweise Entlang der norddeutschen Autobahnen bis weit ins Binnenland verschleppt.

Vögel im Koog mit Speichersee

Im bedeichten Marschland finden sich stellenweise Salz- oder Süßwasserbiotope, die eine bemerkenswerte reiche Vogelwelt aufweisen. Hier sind neben Gänsen, Enten und mancherlei seltenen Gästen während der Flut auch viele Limikolen zu beobachten, die sonst die offenen Wattflächen aufsuchen. ♂ Männchen, ♀ Weibchen

1 Löffler (*Platalea leucorodia*)
2 Haubentaucher (*Podiceps cristatus*)
3 Krickente (*Anas crecca*)
4 Spießente (*Anas acuta*)
5 Knäkente (*Anas querquedula*)

14 15 16

6 Blässgans (*Anser albifrons*)
7 Reiherente (*Anas fuligula*)
8 Blässralle (*Fulica atra*)
9 Kurzschnabelgans (*Anser brachyrhynchos*)
10 Graureiher (*Ardea cinerea*)
11 Kranich (*Grus grus*)
12 Graugans (*Anser anser*)
13 Saatgans (*Anser fabalis*)
14 Höckerschwan (*Cygnus olor*)
15 Singschwan (*Cygnus cygnus*)
16 Zwergschwan (*Cygnus columbianus*)

Touren an Nord- und Ostsee

Das glänzende Watt, der Strand mit dem Tosen der Brandung, eine Kliffküste mit ihren Steilabbrüchen und der fast grenzenlos aufgespannte Himmel aus Wasser und Wolken sprechen die Sinne ganz anders an als Wald und Wiese zu Hause. Trotz Wellenschlag und Windgebraus bleibt diese Szenerie unaufdringlich und wirkt selbst dann noch atemberaubend, wenn Wind und Wetter die Konturen nur noch zu Schattierungen in tonlosem Schiefergrau verschwimmen lassen.
Außer dem endlosen Saum zwischen Wasser und Land braucht das Erlebnis Küste seine besonderen Anschauungspunkte. Der folgende Buchteil schlägt Ihnen, nach Regionen getrennt, interessante Einzelziele vor – auch als etwaige Alternativen für den Fall, dass Ihnen das Ferienwetter einmal Wasser von allen Seiten beschert.

Ostfriesland – Küste und Inseln S. 118

Von der Weser bis zur Elbe S. 122

Felseninsel Helgoland S. 126

Schleswig-Holsteins Westküste S. 128

Fördenland – Erbe der Eiszeit S. 136

An der Mecklenburger Bucht S. 138

Von Fischland bis Rügen S. 143

Usedom – Wälder, Seen, Strände S. 150

Ostfriesland – Küste und Inseln

Zwischen Ems und Jade spannt sich etwa 8–10 km vor der Küste Ostfrieslands die fast geradlinig aufgereihte, fast 90 km lange Kette der sieben bewohnten Ostfriesischen Inseln von Borkum bis Wangerooge. Hinzu kommen in diesem Meeresgebiet die unbewohnten Vogelinseln Memmert südlich der Westspitze von Juist, Mellum vor der Wesermündung, die junge und noch kleine Düneninsel Lütje Horn sowie Minsener Oog und Oldeoog östlich von Wangerooge am Rande der Jade.

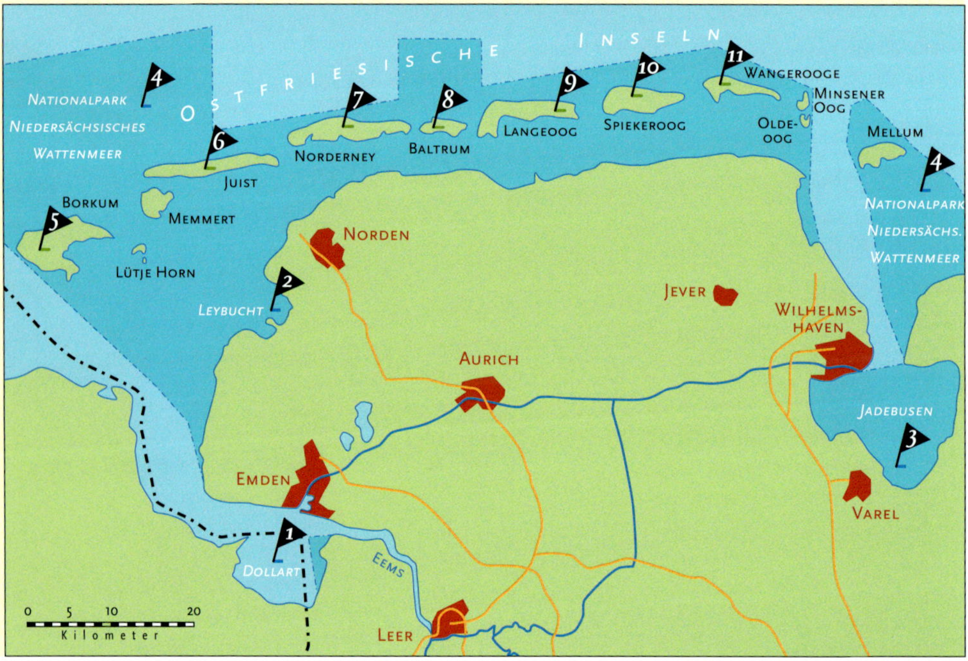

Dynamische Dünen

Im Unterschied zu den Nordfriesischen Inseln bestehen die Inselkörper Ostfrieslands nicht aus Geestkernen, sondern seeseitig aus Dünen und wattseitig aus Marsch. Die Geest (vgl. S. 24) reicht in Ostfriesland nirgendwo an die heutige Küstenlinie heran, sondern ist vom Dollart bei Emden bis zum Jadebusen bei Wilhelmshaven ringsum von einem meist über 10 km breiten Marschlandgürtel umgeben. „Ostfriesland is as'n Pankok, de Midden is dick, un de Rand is am fettsten", kennzeichnen

Norderney: Rückseitenwatt zwischen Außen- und Innenküste

Ausstellung im „Das Wattenmeerhaus“

die Bewohner zutreffend ihren Landstrich. Alle Inseln sind somit das gemeinsame Werk von Gezeitenströmen, Seegang, Wind und Pflanzendecke. Auch wenn es ihre lineare Aufreihung nahe legt – sie sind keine Reste einer langen, von Seegats geöffneten Nehrung, sondern gingen aus Strandwall-Serien des ehemaligen Festlandrandes hervor.

Mobile Einheiten

Auch die Ostfriesischen Inseln sind von Natur aus Gebilde auf Zeit und in Form oder Ausdehnung keineswegs dauerhaft festgelegt. Der von Westen nach Osten entlang der Außenküste laufende Flutstrom leistet enorme Materiallieferungen mit strikt ostwärts gerichteter Sandverlagerung. An ihrer Westflanke werden die Inseln daher ständig benagt, während sie ostwärts im Strömungsschatten in die Länge wachsen. Daraus ergibt sich eine beträchtliche Versetzung. Wangerooge schob sich so in nur drei Jahrhunderten um seine gesamte Länge nach Osten, Juist um fast 4 km.
Außerdem haben alle Ostfriesischen Inseln während des letzten Jahrtausends auch eine beträchtliche Südverlagerung vollzogen – Juist beispielsweise um mehr als 1 km. Sie sind damit gleichsam auf ehemaligen Festlandboden gekrochen, stellenweise zu sehen im seeseitigen Sandwatt bei Niedrigwasser mit den Torfpaketen aus früheren Geestrandmooren.

Tiefe Einschnitte

Auch die wie tiefe Kerben in die ostfriesische Küstenlinie eingelassenen Meeresbuchten gehen auf das Konto Küstendynamik: Dollart ①, Leybucht ② und Jadebusen ③ sind allesamt das Ergebnis katastrophaler Sturmfluten früherer Jahrhunderte, denen die damals noch eher zaghaften Bedeichungsversuche nicht standhalten konnten, so dass weite Teile des Hinterlandes überschwemmt wurden.
Der Dollart im Süden des Ems-Ästuars, durch das die Grenze Niederlande–Deutschland verläuft, entstand in der verheerenden Marcellusflut (1362). Die Leybucht nördlich des hübschen Sielhafenstädtchens Greetsiel entstand ebenfalls bei schweren Sturmfluten im 14. Jahrhundert. Seit 1950 sind allerdings rund 80 % des verlorenen Gebietes wieder bedeicht.
Von der Harlebucht östlich von Esens, die tief in die Geest einschnitt, ist heute fast nichts mehr zu sehen – die bedeichte Festlandküste im Rücken von Langeoog, Spiekeroog und Wangerooge zeigt sich als gerade durchlaufende Linie. Geblieben ist der im Mittelalter entstandene Jadebusen (Jadebucht) zwischen Friesland und der Wesermarsch, in dem sich bei Arngast sogar eine Geestkuppe befindet.
Küstensaum und Inselwelt Ostfrieslands sind seit 1986 Bestandteil des rund 280 000 ha großen Nationalparks Niedersächsisches Wattenmeer ④ (vgl. S. 54). Für ein vertieftes Erleben stehen mehrere Informationszentren bereit:

- Nationalparkzentren: Wilhelmshaven (Das Wattenmeerhaus, Südstrand 110b, www.wattenmeerhaus.de), Cuxhaven-Sahlenburg und Norden-Norddeich
- Nationalparkhäuser Küste: Land Wursten (Dorum-Neufeld), Fedderwardersiel (Butjadingen), Dangast (Varel-Dangast), Dornumersiel, Carolinensiel, Greetsiel (Krummhörn-Greetsiel)
- Nationalparkhäuser Inseln: Borkum (Feuerschiff Borkumriff), Juist, Baltrum, Norderney, Wangerooge

Westspitze von Juist, im Hintergrund die Vogelinsel Memmert

Mitarbeiter dieser Einrichtungen bieten naturkundliche Wanderungen und Radtouren zu interessanten Zielen im gesamten Gebiet an.

Borkum ⑤

Weil die Insel weiter vom Festland entfernt ist als die übrigen, spricht man auf Borkum gerne von Hochseeklima. Die mit 32 km² Fläche größte der Ostfriesischen Inseln liegt zwischen den Flutrinnen von Wester- und Osterems. Zeitweilig bestand die relativ breite, hufeisenförmig nach Südosten geöffnete und heute etwa 10,5 km lange Insel aus drei Teilinseln, verbunden durch flache Sandbänke. Im Norden befindet sich mit der Wasserdelle ein flaches, im Sommer meist austrocknendes Binnengewässer, auch Muschelfeld. Biologisch überraschend vielfältig ist die „Greune Stee" im Südwesten. Moor-Birke und Grau-Weide bilden überall kleinere Gebüsche. Einige wurden als Vogelkojen für den früher üblichen Zugvogelfang angepflanzt. Ein Kulturdenkmal besonderer Art ist der Walzaun (Wilhelm-Bakker-Str.) – einer der zahlreichen auf der Insel im 18. Jahrhundert beheimateten Walfänger hat sein Grundstück mit den Kieferknochen von Walen eingefriedet. Inselgeschichte und -natur zeigt das Heimatmuseum Dykhus.

Juist ⑥

Heute etwa 17 km lang, aber meist nur weniger als 1 km breit und längste sowie schmalste der Ostfriesischen Inseln. Das gleichnamige Inseldorf liegt im Unterschied zu den übrigen Inseln in der Mitte – aus geologischen Gründen: Der heutige Inselkörper bestand ursprünglich aus zwei getrennten Teilen, die sich erst im 19. Jahrhundert durch eine Dünenkette verbanden. In diesem Bereich befindet sich der Hammersee mit seinen Röhrichtgürteln. Im Umfeld wachsen seltene Arten wie Moosglöckchen, Rundblättriges Wintergrün, Sumpf-Herzblatt und Natternzunge. Der Ostteil besteht großflächig aus Weißdünen, während im Westteil die Graudünen mit reichen Vorkommen von Kratzbeeren und Sanddorngebüschen direkt und steil zum Strand abbrechen. Ein kleines Küstenmuseum erläutert die Inselgeschichte und -natur.

Norderney ⑦

Zwischen Juist und Baltrum lag im Mittelalter die Insel Buise, die bei einer schweren Sturm-

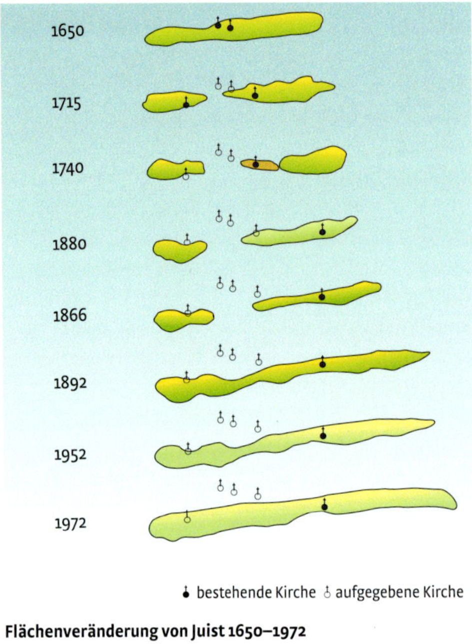

Flächenveränderung von Juist 1650–1972

Primärdünen auf Juist

flut 1362 zerbrach. Ihr westlicher Teil verschwand und lebt nur noch im Seegat Busetief fort. Der östliche wuchs allmählich zur neuen schmalen Düneninsel Norder-Neyoog heran, ist heute 14 km lang, bis zu 2 km breit, 25 km² groß und wird nur noch Norderney genannt. Die Inselnatur umfasst vermoorte Dünentäler, offene Brackwasserzonen, Salzsümpfe und tief liegende Ausblasungsrinnen (Sloops). Im Ostteil wächst die Insel stark an – hier kann man die Neubildung von Weiß- und Graudünen ebenso verfolgen wie die Entwicklung von Salzwiesen.

Baltrum ⑧

Nur 5 km lang und 1,4 km breit bei einer Fläche von etwa 6,6 km² ist sie die kleinste der Ostfriesischen Inseln. Gegenüber einer Kartenaufnahme von 1650 ist das Westende der Insel heute um 4,5 km nach Osten gewandert, während sich das Ostende nur etwa 1,5 km verlagerte – die Insel erfuhr also im Laufe weniger Jahrhunderte substanzielle Flächenverluste und verkürzte sich von einer lang gestreckten Barriere-Insel zum eher rundlichen Inselkörper. Im Bereich des Timmermanns-Sloops erfolgte ein Durchbruch, der sich heute in der Besiedlung abbildet: Baltrum besitzt zwei Inseldörfer. Eine kulturlandschaftliche Besonderheit sind die Tune, aufgelassene Gemüsegärten, mit kleinen Erdwällen parzelliert.

Langeoog ⑨

Accumer Ee und Otzumer Ee sind die beiden Seegats oder Baljen, die das rund 11 km lange und im Durchschnitt etwa 1,5 km breite Langeoog von den Nachbarinseln trennen. Eine schwere Sturmflut drohte 1717 den Inselkörper zu durchtrennen. Zwei ausgedehnte Niederungen, Großes und Kleines Sloop, entstanden erst 1825, als der nördliche Dünenkamm zerbrach. Südlich des Inseldorfes liegt ein Wäldchen auf einem ehemaligen Militärflugplatz. Die Melkhorndüne (21 m) ist die höchste Erhebung Ostfrieslands.

Spiekeroog ⑩

Die ursprünglich nur 5 km lange Insel ist unterdessen fast 9 km lang und hat bei ihrer Ostwanderung zwei kleinere Inseln, Lütjeoog im Süden und Oldeoog im Gebiet der heutigen Ostplate vereinnahmt. Das junge Anlandungsgebiet ist mit seinen Primär-, Weiß- und beginnenden Graudünen sowie Queller- und Andelbeständen ein einzigartiges Vogelparadies. Hier kann man auch am hellichten Tag die Sumpfohreule bei der Jagd beobachten.

Wangerooge ⑪

Diese Insel gehört politisch nicht zu Ostfriesland, sondern zum Regierungsbezirk Oldenburg. Naturräumlich ist sie jedoch unstrittig ein Glied der Inselkette. Das heute inselmittig liegende Dorf ist bereits die dritte Ansiedlung auf der rund 8,5 km langen Insel – ihre Vorgänger wurden Opfer von Sturmfluten. Wattseitig bietet sich ein guter Überblick über die hier Groden genannten Salzwiesen (außendeichs Außengroden, binnendeichs Innengroden). Hier halten sich zur Zugzeit gerne Kurzschnabelgans und Weißwangengans auf. Eine Besonderheit der Insel sind die rund 300 Süß- und Brackkleingewässer, die sich in Bombensprengtrichtern des Zweiten Weltkriegs entwickelt haben.

Von der Weser bis zur Elbe

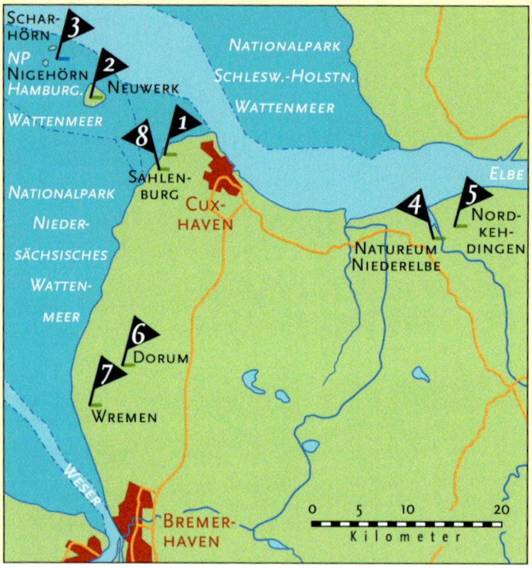

Der zentrale Abschnitt der deutschen Nordseeküste kann nicht mit spektakulären Szenerien oder wilden Landschaftstypen aufwarten. Auch fehlt ihm im Vergleich zu Ost- und Nordfriesland ein vorgelagertes „Inselreich" am Horizont. Die Küsten zwischen Bremerhaven und der Elbmündung gehören dafür mit Ausnahme weniger Abschnitte zu der vom Tourismus noch nicht vollständig eingenommenen Urlaubslandschaft Nordsee. Vielmehr zeichnet sie sich durch interessante naturkundliche Kleinodien aus, die einen Besuch wert sind.

Land Wursten: Wat'n Blick bis zum Horizont

Das beschauliche Land Wursten liegt zwischen zwei pulsierenden Metropolen – dem auch nach internationalen Maßstäben bedeutsamen Containerterminal in Bremerhaven und dem größten deutschen Seebad, der Stadt Cuxhaven. Dazwischen liegt eine Küstenlandschaft, in der die Zeit stillzustehen scheint. Die dem Meer abgetrotzte Marschenlandschaft prägt die weitläufige Grünlandbewirtschaftung. Die kleinen Orte sind schon von weitem an ihrem Backsteinkirchturm auszumachen. Dazwischen liegen weit verstreut die Gehöfte. Nur wenige hohe Baumreihen prägen die vom Wind gebeutelte Landschaft. Der Richtung Norden verlaufende Rand eines zügig ansteigenden Geestkerns im Hinterland zeigt eindrucksvoll, wie weit das Meer noch bis vor 2000 Jahren reichte. Südlich von Cuxhaven im Bereich von Sahlenburg treffen Geest und Meer direkt aufeinander. Bis auf diesen natürlich erhöhten Küstenabschnitt begrenzt das Land Wursten eine mächtige Seedeichlinie. Vorgelagert sind nur schmale Vorländer mit überwiegend landwirtschaftlich genutzten Salzwiesen.

Wursten ist zur Zugzeit ein Geheimtipp für die Vogelbeobachtung und bietet zugleich Landschaftserlebnis pur. Zwar haben auch hier moderne Windkraftanlagen das Landschaftsbild in Teilen nachhaltig verändert. Wider

Rastende Möwen vor Scharhörn, im Hintergrund der Leuchtturm Vogelsand

Erwarten blieb sie trotzdem ein beliebtes Rastgebiet für zahlreiche Zugvogelarten. Besonders Enten, Gänse und Watvögel fallen hier zu Tausenden in Wiesen und an der Küste ein, um zu rasten und sich neue Reserven anzufressen. Besonders interessant gestaltet sich die Vogelbeobachtung, wenn sich die Vögel mit auflaufendem Wasser auf den vorgelagerten Salzwiesen sammeln und dort auf die Ebbe warten, die ihnen jedes Mal neu einen reich gedeckten Tisch auf dem Meeresgrund beschert. Dass gerade zwischen Weser und Elbmündung so viele Rastvögel einfallen, ist kein Zufall. Die von den beiden Flüssen eingetragene Nährstofffracht füttert gleichsam das Leben im Watt.

Dünenheide am Meer

Südlich der Elbmündung bei Cuxhaven befinden sich die besonderen naturkundlichen Schätze der Region. So erstreckt sich hier nördlich des Ortsteils Sahlenburg, wo die Geest direkt ans Meer gelangt, eine für die Festlandküste einzigartige Dünenlandschaft mit Krähenbeeren-Küstenheide ①. Leider ist ein Großteil der ursprünglichen Heide der Landwirtschaft zum Opfer gefallen. Direkt ans Meer angrenzend befindet sich eine große Aussichtsplattform, die den Blick auf die seltene Heide und die freie Wattlandschaft der südlichen Elbemündung freigibt. Hier liegen dicht bei- und hintereinander die drei einzigen Inseln zwischen Weser und Elbe: Neuwerk ②, Scharhörn und Nigehörn ③.

Neuwerk: Durchs Watt nach Hamburg

Die drei Inseln vor Cuxhaven gehören zum Bundesland Hamburg. Bereits 1299 erwarben die über 105 km entfernt residierenden Ratsherren der Hansestadt Rechte auf Neuwerk. Der alte Wehrturm (1301–1310) zeugt von den Ambitionen der damals noch kleinen Hansestadt. Seit 1990 ist das Hamburgische Wattenmeer einschließlich der dort gelegenen Inseln als Nationalpark geschützt.

Mit dem Pferdewagen übers Watt nach Neuwerk

Mindestens zwei Stunden sind für den 10 km langen Weg einzuplanen, wenn man sich von Sahlenburg oder Duhnen zu Fuß durchs Watt zur alten Insel begibt. Die Wanderung ist nur auf einem mit Reisigsträuchern (= Pricken) gekennzeichneten Weg möglich. Er führt direkt über das Watt und durch mindestens zwei große quer verlaufende Priele. Diese großen Wattrinnen fallen zweimal am Tag völlig trocken und laufen mit der Flut wieder so voll, dass sie zu reißenden Strömen werden. Ein Fußmarsch nach Neuwerk kann also durchaus eine gefährliche Angelegenheit werden – daher die Wanderung so einplanen, dass man das Ziel bereits mit einsetzender Flut erreicht.

Blühende Salzwiese im Vorland von Neuwerk

Quicksand: Weiche Wattlunken auf dem Kleinen Vogelsand

Ganz natürlich an der Elbemündung: Containerriesen auf dem Weg nach Hamburg

Allerdings kann man den Hinweg auch mit einem zweispännigen Pferdewattwagen bewältigen und die Rückfahrt ganz bequem mit dem Schiff nach Cuxhaven. Sowohl Wattwagen- als auch Schiffstour dauern nicht länger als 1,5 Stunden.

Neuwerk mutet den Besucher mit der kleinräumigen Grünlandbewirtschaftung an wie ein Stück Marschland. Neben dem alten Wehrturm hat die Insel noch viel mehr zu bieten. Direkt im Herzen des Nationalparks Hamburgisches Wattenmeer gelegen, lassen sich zahlreiche Wanderungen unternehmen. Besonderes Interesse finden bei den Vogelfreunden von jeher die Vorländer der Insel. Sie nehmen ca. zwei Drittel der 3 km² kleinen Insel ein. Im Sommer brüten hier – besonders im streng geschützten Ostvorland – zahlreiche Seevögel. Doch auf dem markierten Wanderweg lassen sie sich ohne nachhaltige Störung in die Kinderstube schauen.

Im Herbst und Frühjahr wird Neuwerk zum Zwischenstopp für Tausende von See-, Wat- und Singvögeln. Besonders eindrucksvoll lassen sich dann auch Ringelgänse beobachten, die sogar in die Wiesen des eingedeichten Inselkerns vordringen. Da sie nicht mehr bejagt werden, reagieren sie nicht allzu scheu – hier sind sie sogar vor Füchsen sicher.

Wer auf Neuwerk mehrere Tage verbringt, kann das Wattenmeer gleichsam vom Vorposten aus erobern: Der Neuwerker Gast kann (nach Voranmeldung bei der Nationalparkverwaltung vor Ort) eine Wanderung zur mehr als 6 km seewärts gelegenen Vogelinsel Scharhörn machen (und mit der gleichen Tide wieder zurück!). Auch hier sichern Pricken den Weg und helfen bei der Orientierung, wenn einmal Seenebel aufkommt. Der Weg ist ein unvergessliches Naturerlebnis – Wattenmeer pur, weiter Himmel, freier Blick zum Horizont und den Meeresboden unter den Füßen.

Die Vogelinsel Scharhörn wuchs erst in der 1920er Jahren aus dem Meer. Als Brut- und Rastgebiet für seltene und gefährdete Seevögel ist sie international bekannt. Scharhörn liegt nicht ortsfest – die unbefestigte, rund 20 ha große Düneninsel wandert jedes Jahr mehrere Meter nach Südosten und wechselt über die Jahrzehnte ständig Gesicht und Form. Daher bietet sie ein Paradestück für die enorme Naturdynamik im Wattenmeer.

Südwestlich von Scharhörn liegt Nigehörn – sie ist Totalreservat des Nationalparks und darf daher nicht betreten werden. Als jüngste der drei Inseln wurde sie erst 1989 aufgespült.

Von Neuwerk kann man sich auch einer Führung zu den Seehundbänken auf dem Kleinen Vogelsand oder in die Salzwiesen des Vorlandes anschließen. Wer dann noch mehr über die Natur der Hamburger Wattenmeerinseln erfahren möchte, kann sich im neu eröffneten Nationalpark-Haus Neuwerk informieren oder an Führungen und Veranstaltungen teilnehmen.

Tipps: Interessante Anlaufstellen

Nationalpark-Haus Dorum-Neufeld ⑥
Am Kutterhafen 1, 27632 Dorum
Tel. 04741-2826, www.dorum.de
Das unmittelbar am Wattenmeer gelegene Nationalpark-Haus in Dorum-Neufeld erklärt den Lebensraum Wattenmeer. Unter den Exponaten ist besonders der unmittelbar am Nationalpark-Haus angelegte Salzwiesenbiotop erwähnenswert. Ein Rundgang vermittelt einen Überblick über die Pflanzenwelt im Übergang von Land und Meer.

Niedersächsisches Deichmuseum ⑥
Poststraße 16, 27632 Dorum
www.dorum.de, Tel. 04742-474 oder 1020
Das Deichmuseum zeigt Deichbau und Küstenschutz im Niedersächsischen Küstengebiet von den Anfängen bis zur Gegenwart mit einer großen Anzahl von Exponaten, darunter frühere Arbeitsgeräte sowie Modelle von Deichbauten und Küstenschutzanlagen.

Museum für Wattenfischerei ⑦
27638 Nordseebad Wremen
Tel. 04705-1217, www.dorum.de
Das Museum zeigt in seinen einzelnen Abteilungen die Geschichte und die Bedingungen der Wattenfischer an der Nordseeküste sowie ihrer Fangmethoden und Krabbenverarbeitung. An Aktionstagen finden auch Ausfahrten ins Wattenmeer mit Kuttern statt.

Nationalparkzentrum Cuxhaven-Sahlenburg ⑧
Hans-Claußen-Straße 19
27476 Cuxhaven-Sahlenburg
Tel. 04721-28681
www.cuxhaven.de/natur/nationalparkzentrum
Anlaufstelle für alle, die sich im Raum Cuxhaven über den Nationalpark Wattenmeer informieren wollen. Die vielbesuchte und umfangreiche Einrichtung beherbergt u. a. ein Aquarium und ein flutbares Tidemodell des regionalen Wattenmeeres sowie einen Kindererlebnisraum.

Nationalpark-Haus Neuwerk ②
27499 Insel Neuwerk
Telefon 04721-39 53 49
www.nationalpark-hamburgisches-wattenmeer.de

Natureum Niederelbe ④
Neuenhof 8
21730 Balje/Ostemündung
Tel. 04753-842131
www.natureum-niederelbe.de

„Vogelkieker" mobile Beobachtungsstation ⑤
Verein zur Förderung
von Naturerlebnissen e.V.
Am Sande 4, 21682 Stade
Tel. 04141-12561
www.vogelkieker.de

Von Cuxhaven elbaufwärts

Die amphibische Wattlandschaft endet nicht an der Elbmündung, sondern begleitet den Fluss stromaufwärts. Auch wenn hier das offene Meer fehlt, wirken die Gezeiten mit über 3 m Tidenhub weiter bis hinauf nach Geesthacht. Entstehung und Veränderung der Unterelbelandschaft sind Themen im „Natureum Niederelbe" ④ an der Oste-Mündung bei Neuhaus. Zahlreiche Ausstellungen im Hauptgebäude und dazu ein 20 ha großer Naturerlebnispark mit Möglichkeiten zur Vogelbeobachtung sowie Begegnung mit Lebewesen aus der Urzeit verdeutlichen die Entwicklung zur heutigen Landschaft – eine Geschichte, die der Mensch maßgeblich mit beeinflusst hat.
Das sich östlich anschließende Marschland Nordkehdingen ⑤ hat sich in den letzten Jahren als fester Anlaufpunkt für „Vogelkieker" (siehe Infokasten) etabliert. Im oberen Geschoss eines Doppeldecker-Busses lassen sich die Vögel über den Deich hinweg beobachten.

Felseninsel Helgoland

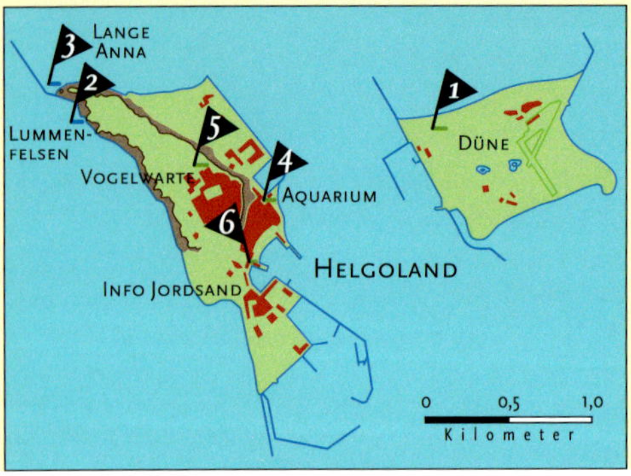

Nur etwa 1,5 km² groß ist die Insel Helgoland, auf jeder Nordseekarte lediglich ein Punkt und vermeintlich mit einem Tagesausflug abzuhaken. Tatsächlich wartet jenseits der Ladenzeilen ein breit gefächertes Erlebnisangebot – von der Küstengeologie über die Felswattbiotope bis zur Salzflora und Avifauna. Helgoland beherbergt Deutschlands einzigen Seevogelfelsen ②. An der Westklippe brüten etwa 3000 Paare der pinguinähnlichen Trottellumme und fast 5000 der schwarzfüßigen Dreizehenmöwe.

Beule aus Buntsandstein

Trotz unentwegter Beteuerung aus der Touristikbranche ist Helgoland keine Hochseeinsel. Rund 45 km trennen die Insel vom restlichen Schleswig-Holstein, und etwa 60 km sind es bis nach Cuxhaven an der Elbmündung. Als einzige Insel der südlichen Nordsee ist Helgoland aus solidem Fels aufgebaut.
Der bis annähernd 60 m aufragende Fels ist in seinen mittleren Partien rund 200 Mio. Jahre alt. Krustenkräfte und ein aufquellender permischer Salzstock haben im mittleren Tertiär den gesamten Schichtstoß vom unteren Buntsandstein bis zur oberen Kreide aufgebeult.

Helgoländer Westklippe mit Felswatt.

Auch die Eiszeiten haben auf und um Helgoland Spuren hinterlassen, aber das heutige Klippengesicht schufen erst Wind und Wellen der nacheiszeitlichen Nordsee. Die senkrecht aufragende Steilklippe ist allerdings nur noch der klägliche Rest eines Inselkörpers, der noch vor 1000 Jahren fast doppelt so groß war. Ein Blick vom 2,8 km langen Klippensaum-Rundweg auf dem Oberland enthüllt das gemeinsame Werk von Wellen, Wind und Witterung mit Felstürmen, Halbpfeilern, Nischen, Brandungstoren und Rundbögen. Fast das gesamte tellerebene Unterland entstand erst als künstliche Aufspülung im Zeitraum zwischen den beiden Weltkriegen.

Kleinere Schwester

Wie sehr die Brandung dem Gestein zusetzte, zeigt die zweite Helgoländer Insel ①, die 600 m östlich gelegene Düne auf einem Fundament aus hellgrauem Muschelkalk und weißer Schreibkreide. Heute ist das nur um 1 km² große Gebilde kaum mehr als ein von Mauern und Tetrapodenwällen gesicherter Sandkasten. Die langen Strände und rückwärtigen Dünen können zwar die anthropogene Überformung nicht kaschieren, bieten aber dennoch ein erle-

Scheibenhafen mit den berühmten Hummerbuden

Basstölpel mit fast flüggem Nachwuchs

benswertes Stück Nordseenatur. Ein kräftiger Südostwind zur Springtide enthüllt das Fundament und die ursprüngliche Größe auch der Düneninsel: Schaumkronen auf den Wogen zeichnen dann Verlauf und Ausdehnung der untermeerischen Klippen nach.
Deren Schichten führen zahlreiche Fossilien. Vom Belemniten bis zum Saurierrippchen, von Geschieben mit Bernstein bis zu Torfbrocken untergegangener Moore wirft die Brandung mancherlei Fundgut auf den Dünenstrand.

Ausgefallene Inselflora

Mindestens so faszinierend ist die Festlandflora Helgolands mit mehr als 200 Arten. Charakterpflanze ist der schwefelgelb blühende Klippenkohl, die wilde Stammform typenreicher Gartenkohlsorten. Einige weitere bemerkenswerte Arten kann man in Deutschland ebenfalls nur auf Helgoland bewundern. Gehölze haben an den halsbrecherischen Abbruchkanten des windeponierten Oberlandes keine Chance. Üppiger zeigen sich lediglich die Straßen- und Gartengehölze im windberuhigten Lee des Unterlandes.

Vogelgroßstadt an der Klippe

Ab März werden die steilen Felsfassaden überraschend lebendig: Tausende Seevögel treffen innerhalb weniger Tage ein und suchen sich einen Sitz- und Nistplatz. Im Unterschied zu den übrigen ziehenden Arten überwintern Tordalk und Trottellumme, Dreizehenmöwe und Eissturmvogel auf hoher See im Nordatlantik. Erst im Frühjahr ziehen sie nach Süden und gründen an steilen Küstenfelsen saisonale Großstädte, aber nur ein paar Wochen lang.

Tangfelder auf Schichtköpfen

Ein einzigartiger Lebensraum ist das vor der Langen Anna ③ gelegene Felswatt (Nathurnklippen), das bei Niedrigwasser (relativ gut) zugänglich ist. Hier breitet sich die für Hartsubstrate typische Tangvegetation aus, die den Weichbodenküsten fehlt – mit den farbenfrohen Koalitionen großer Grün-, Rot- und Braunalgen. Der gesamte unter der Hochwasserlinie liegende, rund 35 km^2 große Helgoländer Felssockel ist Naturschutzgebiet. Ausgiebiges Sammeln ist daher nicht erlaubt.

Erlebnistipp:

Unbedingt empfehlenswert ist neben dem Meeresaquarium der Biologischen Anstalt Helgoland ④ (www.awi-bremerhaven.de) die Teilnahme an einer Führung durch die Vogelwarte ⑤ (www.vogelwarte-helgoland.de) oder durch den Verein Jordsand ⑥ (www.jordsand.de), der in einer der Südhafen-Hummerbuden ein Informationszentrum (04725-7787) unterhält.

Schleswig-Holsteins Westküste

Schleswig-Holsteins Westküste und seine Inselwelt erzählen beeindruckende Geschichten von den Gewalten der Natur – von einschneidenden Veränderungen der letzten Jahrhunderte und von den Bemühungen der Menschen, den Kräften des Meeres zu widerstehen. Im Laufe der Jahrhunderte hat die Küstenlinie stetig ihr Gesicht verändert. Der Untergang der „Uthlande" im Mittelalter, die stetigen Anstrengungen der Bevölkerung, durch Landgewinnung und Eindeichung dem Meer wenigstens einen Teil wieder abzuringen – all das sind Kapitel eines langen Kampfes der Dithmarscher, Eiderstedter und Nordfriesen mit dem „Blanken Hans", wie sie die Nordsee respektvoll nennen. Zur Ferienzeit von Mai bis Oktober ist davon allerdings nur wenig zu spüren. Nur die hohen Seedeiche lassen ahnen, mit welcher Wucht sich in der stürmischen Jahreszeit das Meer gegen die Küste stemmt. Hinter den „Friesenwällen" erstreckt sich bis zu den östlich gelegenen Geestrücken die Marsch, ein fast tellerflacher fruchtbarer Landstreifen. Nördlich von Husum bei Schobüll erreicht die Geest das Wattenmeer, und nur dort bleibt die Festland-Deichlinie unterbrochen. In den Marschen reihen sich die alten Deichlinien in historischen Abfolgen und trennen die dem Meer schrittweise abgerungenen Landparzellen.

Dithmarschen – bei Krögen und Kohlköpfen

Mit seinen schweren, ertragreichen Böden ist Dithmarschen ein Land der Bauern. Die Kohl- und Getreidefelder sowie Parzellen intensiver Grünlandbewirtschaftung sind jüngst um weitere Komponenten „bereichert" worden: Wohin man auch blickt, drehen sich große Windkraftanlagen, einzeln oder zu Windparks gruppiert. Die naturkundlichen Schätze verbergen sich eher an der Küste. Die einzige vorgelagerte Insel ist Trischen ①, eine der bedeutendsten Brut- und Raststätten für die Vogelwelt an der deutschen Küste. Trischen ist streng geschützte Ruhezone im Wattenmeer-Nationalpark und nicht zu besuchen, sondern nur von der Küste

Unterwegs auf der Alten Sorge

Typisch Eiderstedt: alter, mit Bäumen umstandener Haubarg

aus zu beobachten – am besten vom Trischendamm ② bei Friedrichskoog, der auch einen herrlichen Rundblick über das südliche Dithmarscher Watt und die Elbmündung bietet. Gestört wird der Blick nur durch die Bohrplattform auf der Mittelplate. Von Juli bis Anfang September ereignet sich auf Trischen ein europaweit einzigartiges Schauspiel: Über 200 000 Brandenten treffen ein, um synchron ihren Gefiederwechsel durchzuführen. In dieser Zeit sind die Vögel flugunfähig, aber der reich gedeckte Tisch des Wattbodens bietet Nahrung satt. Direkt am Hafen von Friedrichskoog liegt die Seehundstation ③. Hier werden auch verwaiste Jungtiere (= Heuler) aufgenommen, großgezogen und anschließend in die Natur entlassen.

Halbinsel Eiderstedt – eine Welt für sich

Die Eider, mit 188 km Länge Schleswig-Holsteins größter Fluss, trennt den Norden Dithmarschens von der Halbinsel Eiderstedt. An der Mündung besteht seit 1972 das Eidersperrwerk ④ gegen Sturmfluten, aber mit weitreichenden Auswirkungen auf den Naturhaushalt. Liefen früher die Sturmfluten die Flüsse Treene und Sorge hinauf und setzten ganze Binnenlandniederungen unter Wasser, bleiben diese Ereignisse nunmehr aus. Die Landschaft drohte zu vertrocknen, die zahlreichen Störche (gut zu beobachten im Storchendorf Bergenhusen) wurden immer seltener, bis ein Naturschutzprojekt diese Entwicklung stoppte und den Wasserhaushalt stabilisierte. Die Eider-Treene-Sorge-Niederung ist also einen Abstecher wert – Bergenhusen ⑤ oder das altholländische Friedrichstadt ⑥ sind gute Ausgangspunkte.

Aber auch direkt hinter dem Sperrwerk hat sich die Landschaft stark verändert. Wo früher Ebbe und Flut das Geschehen bestimmten, hat sich im Katinger Watt ⑦ ein vegetationsreicher, von der Tide zwar noch beeinflusster, aber strömungsberuhigter Salzwasserbiotop gebildet, der vielen seltenen Vögeln wie Rohrdommel, Löffelente und Kampfläufer einen idealen Lebensraum bietet. Einen guten Überblick eröffnet der Beobachtungsturm auf der Westseite am Eider-Leitdamm (direkt an der Straße). Nördlich des Naturzentrums Katinger Watt befinden sich geschützt gelegene Beobachtungshütten.

Auf der Halbinsel fallen im Vergleich zu Dithmarschen zwei Dinge sofort ins Auge: Es fehlen die zahlreichen Windkraftanlagen – dadurch hat Eiderstedt in viel stärkerem Maße seine landschaftliche Ursprünglichkeit bewahrt. Außerdem blieb eine stattliche Zahl der seit dem Mittelalter gebauten traditionellen Bauernhäuser, die so genannten Haubarge mit rechteckigem oder fast quadratischen Grundriss. Unter dem steil ansteigendem Reetdach befinden sich Wohnbereich und Wirtschaftsteil. Die Haubarge stehen auf einer sicheren Warft, einem künstlich aufgeschütteten Hügel,

Westerhever Leuchtturm: Wahrzeichen der Eiderstedter Wattküste

der im Falle eines Deichbruchs Schutz vor den Fluten bieten soll. Die in der flachen Landschaft weithin sichtbaren Gehöfte sind von zahlreichen Bäumen umstanden, die den stetigen Wind brechen.
Unbedingt empfehlenswert ist die Wanderung von Westerhever über das Vorland zum ebenfalls auf einer Warft gelegenen Leuchtturm mit zwei (ehemaligen) Wärterhäusern. Der direkt am Parkplatz beginnende Wanderweg führt zunächst über den Deich und dann durch Salzwiesen zum malerischen Turmensemble. Teile der Salzwiesen werden noch beweidet, andere sind seit geraumer Zeit der Bewirtschaftung entzogen. So kann man besonders in den Sommermonaten vergleichen, wie eine natürliche, bunte und blütenreiche Salzwiese aussieht im Vergleich zur eintönig golfrasenähnlichen, die bewirtschaftet wird.
Empfehlenswert ist ein Abstecher auf den vorgelagerten Westerhever Sand ⑧, eine Sandbank, die bei Ebbe trockenfällt. Von dort kann man vor St. Peter-Ording Deutschlands breitesten Strand erkennen. Eiderstedts Westküste ist nämlich nicht durch die Marsch geprägt, sondern durch stetigen Sandtransport entstanden. Entsprechend hat sie typischen Dünencharakter, bewachsen mit Besenheide, Krähenbeere, Ginster und Arnika. Der viel besuchte und z. T. auch mit Fahrzeugen befahrene Strand ist im Frühling und Sommer bis auf wenige Brutvorkommen von Seeregenpfeifer und Zwergseeschwalben verwaist. Ab Herbst dient er jedoch Tausenden von Watvögeln als Rastplatz auf ihrem Weg nach Süden.
Unbedingt empfehlenswert ist der Besuch des alten Hafenstädtchens Tönning ⑨. Größte Attraktion ist hier das Multimar Wattforum, das zentrale Erlebniszentrum zum Nationalpark Schleswig-Holsteinisches Wattenmeer.

Die nordfriesische Inselwelt

Die Küste Nordfrieslands ist Wattenmeer pur und zugleich einer der meistbesuchten Feriengebiete an der deutschen Küste. Nirgends an der Nordseeküste ist die Wattlandschaft so vielfältig, die Inselwelt so bizarr und die Historie so gespickt von Katastrophen.

Ein Koog für den Naturschutz

Der Beltringharder Koog ⑩ ist das letzte große Eindeichungsprojekt an der deutschen Küste: Der 1987 geschlossene Koog dient mit seinem Seedeich dem Küstenschutz. Die dem Meer abgerungene Fläche ging allerdings nicht an die Landwirtschaft, sondern erstmals ausschließlich an den Naturschutz. Das Neuland nördlich des Nordstrander Damms teilt sich in drei ökologisch unterschiedliche Bereiche: Nördlich liegt der von Brackwasser geprägte Lüttmoorsee, im sich anschließenden Zentralbereich ein Salzwasserbiotop mit Verbindung zum Wattenmeer am Holmer Siel und südlich eine weite Fläche, die vom Süßwasser-Speicherbecken und vom Holmer See beeinflusst wird. Überall von Seedeich und Lüttmoordamm lässt sich das riesige Experiment gut verfolgen, das aber aus ökologischer Sicht die ehemalige wertvolle Schlickwattnatur nicht ersetzen kann. Wenn durch das Lüttmoor-Siel im Tidenwechsel die Wassermassen rauschen, finden sich häufig auch Seehunde ein, die die Wasserrutsche genießen und auf vorbeikommende Fische lauern.

Im Land von Hauke Haien

Weiter nördlich lohnt ein Besuch der (autofreien) Hamburger Hallig ⑪. Beim Spaziergang zum Halligkrog kann man entweder die blumenreichen Salzwiesen oder im Herbst Tausende rastender Weißwangengänse beobachten. Auch die nur wenig weiter nördlich gelegenen Speicherbecken im Hauke-Haien-Koog ⑫ lassen sich vom Deich aus hervorragend einsehen. Es ist ein vielbesuchter Lebensraum für zahlreiche Wasser-, Wat- und Greifvögel. Mit etwas Glück kann man hier im Sommer sogar Löffler und Rohrdommel beobachten.

Quert man etwa an der Südspitze des Speicherbeckens den Deich, kann man in die Welt der Halligen hineinwandern. Der Weg führt über den hohen Wattrücken nördlich vorbei an der Hallig Habel hin zur Hallig Gröde ⑬ (für Hin- und Rückwanderung je 2 Std. einplanen). Hier sind allerdings unbedingt die Regeln des Wattwanderns zu beachten. Unterwegs finden sich die im Wattenmeer ansonsten sehr selten gewordenen Seegraswiesen. Auf Gröde erwarten den Besucher im Spätsommer die blühenden Teppiche des Halligflieders.

Halligen – Perlen im Wattenmeer

Anders als die großen Inseln im nordfriesischen Wattenmeer stellen die zehn kleinen Halligen keine Reste der im Mittelalter zerschlagenen Uthlande dar. Vielmehr sind sie auf deren Sedimentresten aus dem Meer gewachsen. Auf den Halligen gibt es – mit Ausnahme von Hooge – keine Deiche. Deshalb stehen die eng gescharten Häuser ausnahmslos auf Warften. Bei schweren Sturmfluten reicht das Meer buchstäblich bis zur Haustür. Zahlreiche Entwässerungskanäle (Priele) durchfurchen die

Auf Hallig Hooge

Der Kniepsand – Amrums flaches Bollwerk gegen den „Blanken Hans“

für die Viehwirtschaft genutzten Grünlandflächen. An den Kanten der Halligen bröckelt es – jede Sturmflut fordert ihren Tribut, schwemmt aber an anderer Stelle neues Sediment an. Nicht jede Hallig lässt sich zu Fuß durchs Watt erreichen. Für die kleinen Halligen im Nationalpark ist die Teilnahme an einer geführten Wanderung notwendig. Das gilt besonders für das 9 ha kleine Norderoog ⑭, das der Verein Jordsand 1909 als Vereinseigentum erstand. Seither ist es als Brutvogelstätte bekannt, besonders für Brandseeschwalben. Auf Hooge und Langeneß werden naturkundliche Führungen angeboten, unter anderem zum nahen Japsand. Zudem kann Hooge mit einem eigenen naturkundlichen Zentrum aufwarten. Ein besonderes Augenmerk verdient die urige Hooger Kirchwarft: Das Pastorat ist größer als die Kirche! Hooge, Langeneß und Oland sind vom Festland per Ausflugsschiff erreichbar.

Föhr

Die Insel Föhr besteht nur im Süden aus einem alten Geestkern, im Norden liegt das flache Marschland. Die naturkundlichen Schätze der Insel liegen im Süden: Das auch von See weithin sichtbare Goting-Kliff ⑮ ist fast 2 km lang und bis zu 9 m hoch. Nach Sturmfluten gibt das zurückweichende Kliff immer wieder sein Innenleben preis: große Findlinge, die mit der Eiszeit bis hierher transportiert wurden und nun am Strand lagern. Nur 2 km weiter westlich bei Witsum liegt die Godelniederung, Deutschlands einzig verbliebene natürliche Flussmündung ins Wattenmeer. Der naturbelassene Bereich der Mündung beherbergt eine vielfältige Salzwiesenvegetation und zieht zudem zahlreiche See- und Watvögel zur Nahrungssuche an.

Amrum

Die Insel Amrum versteht sich als „heimliche Geliebte“ der Nordsee: Im Gegensatz zum ebenfalls weit vorgelagerten Sylt erhielt sie nämlich vom Meer einen wirksamen natürlichen Schutz, den breiten Kniepsand. Diese direkt vor der westlichen Dünenkette liegende Sandbank wächst ständig durch Sedimentumlagerungen, wird stellenweise aber wieder fortgespült. Auf den breiteren Bereichen bildeten sich in den letzten Jahren schnell anwachsende Dünen – zweifellos ein besonderes Naturschauspiel.

Amrum ist ein Paradies für naturkundlich interessante Wanderungen. Neben der Strandwanderung über den Kniepsand ⑯ (am besten mit dem Wind im Rücken) bietet sich die Umrundung der rund 3 km langen Nordspitze an, der Amrum Odde ⑰. Führungen durch die Dünen bietet der Verein Jordsand an (Betreuungshütte im südlichen Drittel der schmalen Dünennase). An der Spitze der Odde befindet sich eine flache Strandnase, ein wertvolles Brutgebiet für zahlreiche Seeschwalben. In den Dünen brüten vorzugsweise Möwen. Von

Norddorf lohnt ein Gang über den Kniepsand bis zum weithin sichtbaren Quermarkenfeuer am Rand der eindrucksvollen Dünenlandschaft. Von dort kann man über einen Bohlenweg durch die ursprüngliche, bis heute dynamische Dünenlandschaft ⑱ wandern, ohne die empfindliche Vegetation zu beschädigen. Auf dem Weg zur Vogelkoje führt die Wanderung vorbei an alten Siedlungsresten.
Besonders zur Zugzeit ist die Wanderung entlang der Ostküste von Norddorf bis Steenodde zu empfehlen. Bei auflaufendem Wasser sammeln sich in den Salzwiesen riesige Schwärme von Watvögeln. Außerdem pendeln zwischen dem Watt und den unmittelbar an den Wanderweg angrenzenden Wiesen die sonst so scheuen Ringelgänse. Im Wind- und Stromschatten der Insel halten sich zudem zahlreiche Eiderenten auf.
Nahe Amrum lebt auf dem westlich gelegenen Jungnamensand ⑲ auch die einzige Kolonie der Kegelrobben im deutschen Wattenmeer. Ausflugsfahrten starten entweder von Hörnum/Sylt oder von Wittdün.

Sylt

Auch wenn sich auf der „Königin der Nordfriesischen Inseln“ die Schicki-Micki-Szene tummelt, bleibt Sylt für den Naturkundler ein Eldorado des Naturerlebens. Rund ein Drittel der Inselfläche ist als Naturschutzgebiet streng geschützt. Die Inselmitte besteht aus mehreren Geestkernen, an die sich seit etwa 3000 Jahren lange Sandnehrungen mit Dünen oder auch Marschen anlagerten. Die Mächtigkeit der Geest zeigt sich weithin mit dem bis zu 30 m hohen, zwischen Westerland und Kampen anstehenden Roten Kliff ⑳. Naturkundlich viel interessanter als der touristisch anziehende, fast 40 km lange Weststrand sind die ausgedehnten Dünenlandschaften ganz im Norden: Im so genannten Listland ㉑ findet sich die größte Wanderdüne Deutschlands. Zwischen Rantum und Hörnum liegen auf der Wattseite ausgedehnte Salzwiesen und Heidelandschaften. Eine Besonderheit stellt das auf dem Ostzipfel gelegene Morsum-Kliff ㉒ mit seiner Küstenheide dar. Das bis zu 20 m hohe Kliff und seine Umgebung, seit 1923 unter Naturschutz, ist sowohl geologisch als auch biologisch bedeutsam: Der östliche Sylter Geestkern

Oben: Die Odde ist Amrums nördliche Dünennase.

Rechts: Von Amrums Quermarkenfeuer führt ein Bohlenweg durch die Dünen.

Einmaliges Sylt: Dünenlandschaft zwischen Rantum und Hörnum

besteht, durch eiszeitliche Kräfte geformt, aus einer Folge überschobener Großschollen. Rund 10 Mio. Jahre Erdgeschichte lassen sich auf einen Blick erkennen – das schwärzliche Glimmerton –, das rötliche Limonitsandstein- und das fast weiße Kaolinsand-Kliff. Auch wenn sie im Windschatten der Sturmfluten liegen, fordert jede hohe Flut von den weichen Kliffkanten ihren Tribut.
Ähnlich dynamisch geht es auch an der Südspitze der Insel zu, der Hörnum-Odde ㉓, die man umrunden kann. Bei gutem Wetter scheinen Amrum und Sylt zum Greifen nahe. Die ehemals lang und breit ausgezogene Odde ist in den letzten Jahrzehnten deutlich geschrumpft, denn sie liegt im Bereich extrem kräftiger und gefährlicher Gezeitenströmungen. Den hier oft zu beobachtenden Seehunden und Schweinswalen können diese Naturkräfte scheinbar nichts anhaben.

Das Morsum-Kliff auf Sylt

Tipps: Interessante Anlaufstellen

Multimar Wattforum ⑨
Das Multimar Wattforum Tönning ist die zentrale Erlebnisausstellung über das Wattenmeer und den Nationalpark Schleswig-Holsteinisches Wattenmeer mit mehreren Großaquarien, Spielen und Multimedia-Elementen. Besonders erwähnenswert ist der Ausstellungsbereich zum Thema Wale, Watt und Weltmeere, unter anderem mit dem 17,5 m langen Skelett eines ausgewachsenen Pottwals, der 1997 im Wattenmeer strandete.

Multimar Wattforum
Am Robbenberg
25832 Tönning
Tel. 04861-9620-0
www.multimar-wattforum.de

„Walhalla": Pottwal im Multimar-Wattforum

NationalparkService GmbH
Schlossgarten 1
25832 Tönning
Tel. 0 48 61-616 70
www.nationalparkservice.de

Der NationalparkService vermittelt im Auftrag der Nationalparkverwaltung Naturerlebnisse der besonderen Art, mit Betreuung durch Ranger, naturkundliche Führungen sowie Informationseinrichtungen und Ausstellungen in den lokalen Zentren (z. T. auch mit Naturschutzverbänden).

Seehundstation Friedrichskoog ③
An der Seeschleuse 4
25718 Friedrichskoog
Tel. 04854-1372
www.seehundstation-friedrichskoog.de

Naturzentrum Katinger Watt ⑦
„Lina Hähnle-Haus"
Katingsiel 14
25832 Tönning
Tel.: 04862-8004
www.nabu-sh.de/katinger-watt.de/katinger-watt

Schutzstation Wattenmeer ⑮
Wattenmeerhaus Hooge
Hanswarft 1
25859 Hallig Hooge
Tel. 04849-229

Am Leuchtturm, Südhaus ⑧
25881 Westerheversand
04865-298

Kuno-Ehlfeldt-Haus ㉓
Steintal
25997 Hörnum/Sylt
04651-881 093

Verein Jordsand
Haus der Natur Wulfsdorf
Bornkampsweg 35
22926 Ahrensburg
Telefon 04102-32656
www.jordsand.de

Fördenland – Erbe der Eiszeit

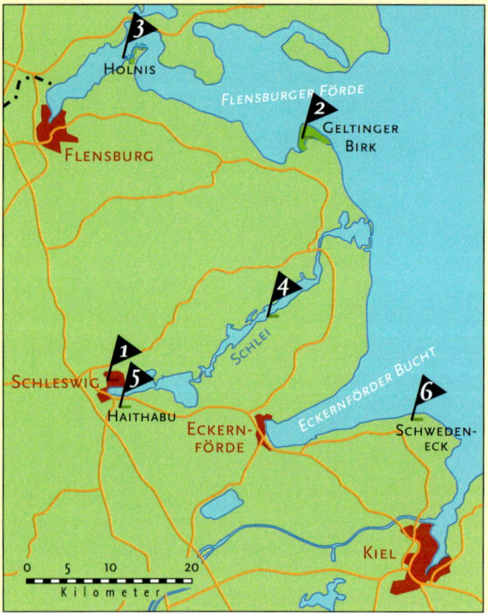

Von Flensburg bis nach Laboe erstreckt sich die Fördenküste. Sie ist geprägt durch vier tief in das Land hineinragende Buchten: die Förden (skandinavisch: Fjord). Ursprünglich gab es an der schleswig-holsteinischen Küste noch zwei weitere dieser Einschnitte im Bereich der Lübecker Bucht, die Hemmelsförde und die Traveförde. Beide sind jedoch durch küstenparallele Versandungen verschlossen worden.
An einigen ausgewählten Stellen lässt sich die Dynamik der nacheiszeitlichen Landschaft jedoch auch heute noch eindrucksvoll verfolgen. Wo die hoch aufgeworfenen Moränen noch unverbaut an das Meer grenzen, haben sich eindrucksvolle und ständig weiter abbrechende Steilküsten gebildet, die nach und nach die mit den Eismassen herangetragenen Steinriesen freigeben und der Ostsee überlassen.

Einschneidende Maßnahmen

Die heutigen Förden repräsentieren die damaligen Vorstöße der Gletscherzungen, teilweise auch im Verlauf bereits vorhandener Schmelzwasserrinnen (vgl. S. 24). Die eigentümliche Trompetenform entstand durch kraftvollen

In strömungsberuhigten Bereichen der Schlei bilden sich flache Sandbänke.

Gletscherschub. Nach dem Anstieg des Meeresspiegels wurden die tiefen Rinnen zu schmalen Buchten.
In historischer Zeit bot die Fördenküste beste Voraussetzungen für Landwirtschaft, Fischerei und die Anlage von Häfen. So entstanden an jedem Ende ein Handels- und Kulturzentrum – Flensburg, Schleswig ① (früher die Wikingerstadt Haithabu), Eckernförde und Kiel. Landnutzung überprägte die Natur der Küstenlandschaft. An der Kieler Förde ist die Küste sogar gänzlich in eine Landschaft von Menschenhand umgewandelt. Die Freizeitindustrie hat ihr Übriges getan: Fast alle leicht erreichbaren Strände sind zu Tourismuszentren ausgebaut.

Geltinger Birk und Geltinger Noor

Ein naturkundlich besonders interessantes Gebiet am Ausgang der Flensburger Förde ist

Buchtenreiche Schleilandschaft

Mittelsäger: Selten gewordene Brutvögel an den Förden

das über 770 ha große Naturschutzgebiet „Geltinger Birk“ ②. Es beherbergt u. a. verlandende Schilfsümpfe, Salzwiesen, Dünen, sand- und geröllbedeckte Außenstrände, dazu einen kleine Eichenwald und seichte Wasserfläche – das Geltinger Noor – sowie eine etwa 1 km in die Geltinger Bucht reichende Seegraswiese. Die Birk ist bekannt für ihre Vogelwelt. Im Laufe eines Jahres kann man hier rund 200 Arten beobachten, darunter auch den Seeadler. Zu den ca. 70 Brutvogelarten gehören Knäkente, Mittelsäger, Tüpfelralle sowie Küsten-, Zwerg- und Brandseeschwalbe.

Das Gebiet erschließt ein Wanderweg, der überwiegend auf dem Deich verläuft. Von der Naturschutzwärterhütte finden von April bis Oktober regelmäßig Führungen statt.

Bemerkenswert ist eine außergewöhnliche Naturschutzmaßnahme: Um die besondere Strukturvielfalt der Feuchtgebiete zu fördern, wurde eine Herde wild lebender Konik-Pferde ausgesetzt. Die Pferde und zusätzliche robuste Rinder sind das ganze Jahr draußen und brauchen weder Stall noch Zufutter (Information unter www.nabu-sh.de).

Halbinsel mit Nehrung

Die Nordspitze der Halbinsel Holnis ③ bei Glücksburg zeigt die ursprüngliche Küstenszenerie der Ostseeförden mit der Dynamik von Kliffabbruch und Sedimentverdriftung. Die Meeresströmung verlagert das erodierte Material an die NO-Spitze. Die so entstandene „Nehrung“ ist Teil eines etwa 360 ha großen Naturschutzgebietes, das eine typische Salzwiesenvegetation beherbergt. Im Kliff an der Westseite brütet jährlich die Uferschwalbe in selbstgegrabenen Höhlen. Die Salzwiesen und Strände bieten zahlreichen Küstenvögeln Brut- und Rastplatz.

Von der Schlei zum Dänischen Wohld

Die flache und enge Schlei ④ schlängelt sich 40 km landeinwärts bis nach Schleswig. Zahlreiche kleine Zuflüsse süßen ihren Wasserkörper immer weiter aus. So kann man an der Spitze in Schleswig Hechte sehen, während an der Mündung Heringstage veranstaltet werden. Zu empfehlen ist der Besuch von Schloss Gottorf (Schleswig-Holsteinisches Landesmuseum) oder ein Abstecher ins Wikinger-Museum am Haddebyer Noor: Am verlandeten Seitenarm der Schlei wurde vor etwa 770 Jahren die Stadt Haithabu ⑤ als Wikinger-Metropole gegründet.

Für eine ausgedehnte Wanderung bietet sich die Spitze des Dänischen Wohld an, das so genannte Schwedeneck ⑥. Zwischen Krusendorf und Bülker Leuchtturm erstreckt sich eine Abbruchküste mit hohem Sandkliff, teilweise sogar mit altem Laubwaldbestand. Die strandnah im Flachwasser liegenden Steine sind von Braunalgen besiedelt, die Krebsen und Fischen Lebensraum bieten.

An der Mecklenburger Bucht

Abwechslungsreich präsentiert sich die Ostseeküste zwischen Fehmarn und Usedom, denn er umfasst alle Landschaften, die eine junge Ausgleichsküste zu bieten hat: aktive Steilufer und weiße Sandstrände an der Außenküste, landeinwärts die verzweigte und buchtenreiche Wasserwelt der Bodden, Wieken und Haffe. Als landschaftliche Höhepunkte reihen sich Darßwald, Dornbusch mit den Bessinen auf Hiddensee, Kap Arkona und die Kreideküste auf Rügen ein. Die wenigen Inseln, die die südliche Ostsee aufzuweisen hat, befinden sich mit Ausnahme von Wollin (Polen) vor der deutschen Küste: Fehmarn (185 km²), Poel (37 km²), Hiddensee (19 km²), Rügen (926 km²) und Usedom (445 km²). Die nächsten Ostseeinseln liegen 800 km weiter östlich im Rigaer Meerbusen (Saaremaa und Hiiumaa).

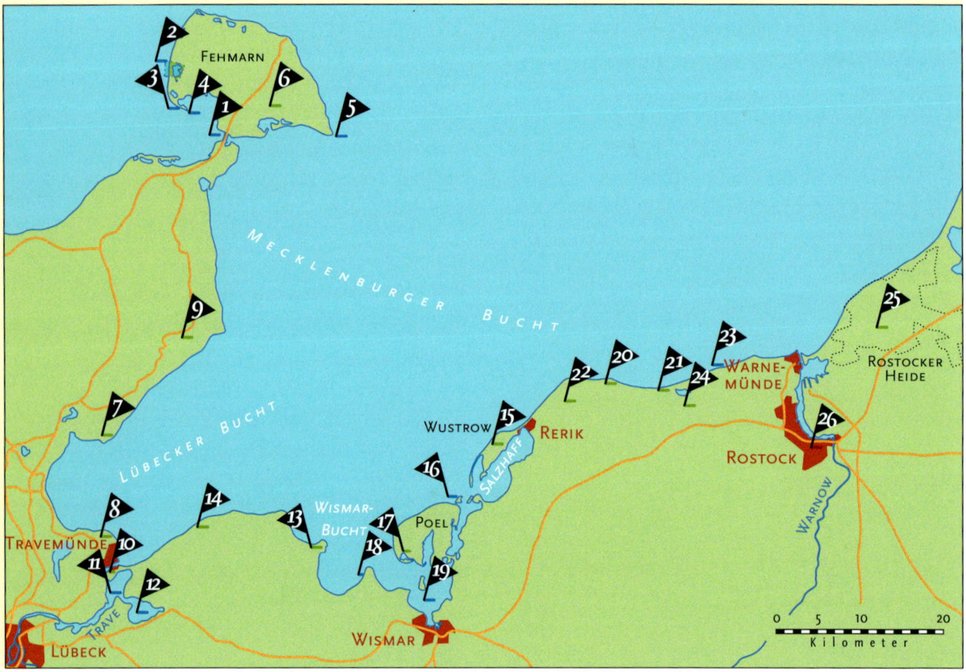

Fehmarn

Der Fehmarnsund ① trennt die Insel vom Festland, mit dem sie seit 1963 durch den „Kleiderbügel", die 26 m hohe Hängebrücke (Vogelfluglinie B207), verbunden ist. Fehmarn ist waldarm und landwirtschaftlich intensiv genutzt. Schleswig-Holsteins einzige Ostseeinsel bietet jedoch mehr als leuchtende Rapsfelder; Windräder und weiße Strände.

Ein geglücktes Beispiel für aktiven Naturschutz stellt das NSG Wallnau ② (www.nabu-wallnau.de, Info-Tel. 04372-1002) dar. Mehrere Strandseen, die als Fischteiche genutzt wurden, sind seit 1977 zu einem Brut- und Rastplatz für Wasser- und Wiesenvögel umgebaut worden. 108 Brutvogelarten wurden bisher gezählt. Ein gut getarntes Wegesystem führt unmittelbar an die Vogellebensräume, ohne die sonst so sen-

Blockstrand am Brodtener Ufer bei Travemünde

siblen Tiere zu stören. Beobachtungshütten gestatten ungewöhnliche Einblicke in die Kinderstuben der Vögel. Führungen Juli–August täglich 10–18 h.
Im Südwesten bietet der Orther Leuchtturm ③ einen fantastischen Blick über Fehmarn (von Orth oder Flügge über den Deich zu erreichen). Südöstlich erstreckt sich der Krummsteert ④, ein typischer Nehrungshaken (NSG). Wegen der empfindlichen Strandvegetation ist das Betreten ganzjährig verboten. Mittelsäger und Rothalstaucher gehören zu den Raritäten des Brutgebietes. Im Südosten ragt die Steilküste von Staberhuk ⑤ weit in die Mecklenburger Bucht hinein. Hier hat das Meer mächtige Felsen aus dem Steilufer ausgewaschen und am Strand gestapelt. (Tropisches Aquarium ⑥)

Lübecker Bucht

Neben den Stränden vom Pelzerhaken ⑦ bis Travemünde bietet die Lübecker Bucht landschaftlich reizvolle Refugien. Urtümlich zeigt sich das bis zu 20 m hohe aktive Kliff des Brodtener Ufers ⑧. Der Wanderweg auf dem Steilufer bietet schöne Ausblicke zur Mecklenburgischen Küste und bis Neustadt.
Nahe dem Ostseeheilbad Grömitz befindet sich in Cismar ⑨ das Haus der Natur. Hier werden neben exotischen Dauerausstellungen (Muscheln und Schnecken) eine große Palette von Seminaren und Vorträgen zu aktuellen Themen angeboten (vwiese@hausdernatur.de, Öffnungszeiten täglich 10–19 h).
Von Lübeck aus erreicht man den Priwall ⑩, eine Nehrung vor der Traveförde. Hier entstanden zwei geschützte Brackgewässer, die Pötenitzer Wiek ⑪ und der Dassower See ⑫. Einen Einblick über das NSG „Dassower See, Insel Buchhorst und Graswerder" erhält man vom Osthügel der Insel Buchhorst. Umrahmt wird der See von teilbewaldeten Hügelketten. Das gesamte NSG ist ein bedeutender Überwinterungsplatz für Tauchenten, Taucher, Sing-

schwäne und Gänse. Häufig ist der Seeadler anzutreffen.
Im Museum für Natur und Umwelt Lübeck (Tel: 0451-1224122) in der Nähe des Doms sind neben einer Fossiliensammlung die nacheiszeitliche Entwicklung der Küstenlandschaft und der Trave in Dioramen dargestellt. Dauerausstellungen informieren auch über fossile Wale, Gesteine und Mineralien.

Mecklenburger Ostseeküste

Das Ostseebad Boltenhagen liegt an einer 4 km langen Bucht mit Sandstrand und streckenweise naturnahen Dünen. Am westlichen Ende erhebt sich das markante, bis 40 m hohe Steilufer von Groß Klütz-Höved ⑬. Ein Wanderweg entlang der Steilküste von Boltenhagen über Steinbeck und Grundhagen bietet fantastische Ausblicke auf die Lübecker Bucht. Zwei NSG schützen hier typische Ostsee-Küstenlandschaften, einen Laubwald, der bis an das Steilufer reicht (NSG „Brooker Wald" ⑭), sowie eine Küstenniederung mit ausgedehnten Schilfflächen, Moorwiesen und ungestörten

Blick vom Scharberg auf das Salzhaff (Wismar-Bucht)

Stränden mit Dünen und Strandwällen (NSG „Uferzone Pötenitz-Rosengarten").

Wismar-Bucht und Salzhaff

Das ehemalige Gletscherzungenbecken der Wismar-Bucht bildet einen Trichter, an dessen südlichem Ende die Hansestadt Wismar liegt und der nördlich durch die Insel Poel geschützt wird. Nach Osten schließt sich das Salzhaff an, das über eine schmale Rinne mit der Ostsee verbunden ist. Vor Rerik erstreckt sich die Halbinsel Wustrow ⑮ und schirmt das Salzhaff vor der Ostsee ab. Die Halbinsel stand

Ringelgänse auf den Windwatten an der Insel Langenwerder

Rapsfeld am Steilufer von Groß Klütz-Höved

70 Jahre lang unter dem „Schutz" verschiedener Armeen, die allerhand Explosives liegen ließen; Wustrow ist daher für den Besucherverkehr gesperrt.
Die Wismar-Bucht beherbergt die artenreichste Salzflora an der südlichen Ostseeküste und ist EU-Vogelschutzgebiet. Verschiedene NSG wurden zum Schutz von Brutplätzen (Inseln Langenwerder ⑯ und Walfisch) und Salzwiesen (Fauler See-Rustwerder/Poel ⑰, Rustwerder Boiensdorfer Werder, Halbinsel Wustrow) ausgewiesen. Von August bis in den Winter sind hier durchschnittlich 150 000 rastende Wasservögel zu beobachten. Damit ist die Wismar-Bucht nach den vorpommerschen Bodden und der Pommerschen Bucht der zweitwichtigste Überwinterungsplatz für Wasservögel in der Ostsee. 6000–11 000 Paare Uferschwalben, Deutschlands bedeutendster Bestand, haben ihre Bruthöhlen in die Steilufer gegraben. Der relativ hohe Salzgehalt, die geschützte Lage und wenig verbaute Ufer bieten Lebensraum für Brackwassertiere und Pflanzen der Salzwiesen, darunter aussterbende Arten wie die Große Pfeffermuschel und Restbestände des seltenen Zwerg-Seegrases. In üppigen Unterwasserwiesen klettert die Kopenhagener Herzmuschel, eine Rarität des Brackwassers.
Von den Hügeln und Steilufern bieten sich wundervolle Aussichten über die Küstenlandschaft: von der Hohen Wieschendorfer Huk ⑱ auf die Wohlenberger Wiek und die innere Wismar-Bucht, von Redentin auf die Insel Walfisch ⑲, vom Mühlenberg in Stove (Mühlenmuseum) auf die Insel Poel und den Breitling, vom Scharberg auf das Salzhaff, die Halbinsel Wustrow und die Kroy und vom Schmiedeberg in Rerik auf das Salzhaff.

Poel

Die Insel Poel erreicht man über einen Damm, der schon im Mittelalter aufgeschüttet wurde. Spätestens hier packt der Ornithologe sein Spektiv aus. Je nach Jahreszeit rasten Tausende von Gänsen, mausernde Höckerschwäne und Scharen von Blässhühnern und Reiherenten auf den Salzwiesen.
Im Nordosten bei Gollwitz befindet sich das NSG „Insel Langenwerder", eines der ältesten

norddeutschen Seevogelschutzgebiete (seit 1910). Mit 2000–3000 Paaren Sturmmöwen ist der Langenwerder einer der wichtigsten Brutplätze der Art in der westlichen Ostsee. Zwischen Poel und Langenwerder sind vom Gollwitzer Steilufer aus verschiedene Entenarten und in der Zugzeit von August bis November Watvögel zu beobachten.
Das NSG ist für den Besucherverkehr gesperrt. Nach der Brutzeit ab Ende Juli werden Führungen angeboten. Im Heimatmuseum Poel in Kirchdorf erhalten Sie Informationen über Pflanzen und Tiere und über die Geschichte der Insel.

Zwischen Rerik und Warnemünde

Zwischen Rerik und Warnemünde reihen sich mehrere imposante Steilufer auf, die durch Niederungen und die Seebäder Kühlungs-

Frischer Abbruch am Steilufer von Poel

Windwatten zwischen Insel Langenwerder und Poel bei Niedrigwasser

born ⑳ sowie Heiligendamm ㉑ unterbrochen werden. Vom Bastorfer Leuchtturm ㉒ blickt man über die südliche Mecklenburger Bucht bis nach Schleswig-Holstein. Das Steilufer bei Nienhagen ㉓ trägt einen ursprünglichen Buchenwald. Die windexponierte Lage gab den Bäumen bizarre Formen, die zum Namen „Gespensterwald“ (NSG) führten. Zwischen Börgerende und Heiligendamm erstreckt sich der „Heilige Damm“, ein Steinwall, der bei einer Sturmflut aufgeworfen wurde und die „Conventer Niederung“ (NSG ㉔) von der See abriegelte.
Von Warnemünde führt ein Wanderweg am bis zu 20 m hohen Steilufer, der Stolteraa, entlang durch einen Buchenwald. Die Küste unterliegt hier einem ständigen Abtrag. Immer wieder eröffnen sich herrliche Ausblicke auf die Warnemünder Bucht mit dem weiten, weißen Strand oder – in weiter Ferne das große Waldgebiet der Rostocker Heide ㉕.
In Rostock ㉖ präsentiert die Zoologische Sammlung der Universität (www.biologie.uni-rostock.de/zoologie/sammlung, Tel. 0381-49 80 62 80) neben Tieren aus aller Welt eine bedeutsame Vogelsammlung. u. a. ist der bekannte Pfeilstorch ausgestellt, der 1822 mit einem zentralafrikanischen Pfeil im Hals zum Brutplatz auf Schloss Bothmer zurückkehrte. Er gilt als ältester Beweis für den Fernzug von Vögeln.

Von Fischland bis Rügen

Einzigartig und abwechslungsreich zeigt sich die Küstenlandschaft vom Fischland ① bis Rüge ②. Flache Buchten mit weißen Stränden spannen sich zwischen steilen Kliffen. Der Darßer Urwald ③, Hiddensee ④ mit Dornbusch und Heide, Kap Arkona ⑤ und die Kreideküste von Jasmund, die malerischen Eichen der Insel Vilm ⑦ sind weit über Deutschland hinaus bekannte Reiseziele. Zwei Nationalparks, ein Naturpark und ein Biosphärenreservat bewahren diese Landschaften vor unbedachten Eingriffen und Zerstörungen.
Östlich von Graal-Müritz führt das Fischland, ein schmaler Landstreifen zwischen Ostsee und Bodden, zum Darß. Hier beginnt die reizvolle Boddenlandschaft. Vom Kirchturm in Wustrow ⑥ erhält man einen guten Eindruck von den beiden Küsten, die nur ein schmaler Landstreifen voneinander trennt.
Nördlich von Ahrenshoop schließt sich der Darßer Urwald mit dem windgepeitschten Weststrand an. Hier beginnt der Nationalpark Vorpommersche Boddenlandschaft, der sich über die Zingster Halbinsel ⑨ mit ihren herrlichen Dünenlandschaften und ausgedehnten Windwatten, auf Hiddensee und auf die Halbinsel Buk ⑩ auf Rügen erstreckt. Eine Besonderheit dieses Nationalparks: Er schließt große Wasserflächen der Ostsee und der Bodden ein. Eine der vielen Sehenswürdigkeiten ist Europas bedeutendster Kranichrastplatz.

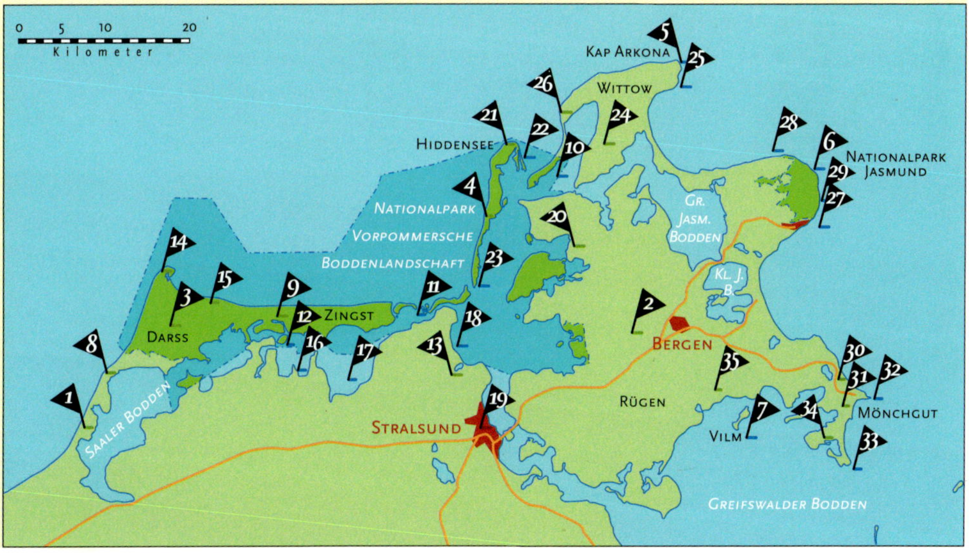

Die Kraniche ziehen

In Europa brüten insgesamt etwa 50 000 Kranichpaare, davon um 3000 in Deutschland. Ab Spätsommer ziehen sie in die Winterquartiere in Spanien. Der lange Flug wird an verschiedenen Rastplätzen unterbrochen und sie verweilen, bis die ersten Fröste einsetzen. An den Schlafplätzen der Bock-Werder-Inseln ⑪ schlafen bis 25 000, auf Rügen bis 14000 und auf der Insel Kirr ⑫ bis zu 8000 Kraniche. Tags-

Leuchtturm Darßer Ort

über äsen sie auf abgeernteten Feldern (besonders Maisfelder). Beobachtungsplätze gibt es in der gesamten Region. Erkundigen Sie sich beim Nationalpark Vorpommersche Boddenlandschaft oder beim Kranich-Informationszentrum Groß Mohrdorf ⑬ (Tel 038323-80540, www.kraniche.de) nach den jeweils günstigsten Beobachtungspunkten.
Über eine Wanderung durch den berühmten Darßwald von Prerow oder von Born aus oder vom Parkplatz „Drei Eichen" am Weststrand entlang erreicht man den Darßer Ort (auch per Kutschfahrt). Im Leuchtturm befindet sich „Das Natureum" ⑭, eine Außenstelle des Deutschen Meeresmuseums Stralsund. Die Ausstellung zeigt die Entwicklung der Landschaft und Einblicke in die Tier- und Pflanzenwelt sowie die Vielfalt der Ostseeküste zwischen Belt, Sund und Bottnischem Meerbusen. Der Leuchtturm bietet einen einmalig schönen Blick über die abwechslungsreiche Wald-, Küsten- und Wasserlandschaft.

Boddenlandschaft

Die Bodden erschließt man sich am besten von Bord der Fahrgastschiffe. Kiebitz, Rotschenkel, Kormoran, meistens auch der Seeadler sind zu beobachten. Im Prerowstrom trifft man häufig auf ein oder zwei Kegelrobben. Seltener hat man das Glück, einen der Fischotter zu erblicken, die hier nicht selten sind.
In der Nähe des Prerower Hafens befindet sich die Hohe Düne ⑮, von der aus sich ein herrlicher Blick über den Prerower Strom eröffnet. Wer die schöne Boddenlandschaft kennen lernen will, fährt von Barth aus am Barther Bod-

Rastende Kraniche

Bootsschuppen am Prerower Hafen

den ⑯ und Grabow ⑰ entlang über Groß Mohrdorf (Kranichzentrum) und Barhöft ⑱ nach Stralsund. Die alte Hansestadt bietet nicht nur einen sehenswerten alten Stadtkern, sondern auch ein Meeresmuseum mit tropischem Aquarium ⑲.

Hiddensee

Hiddensee ㉑ erreicht man per Schiff von Stralsund oder Schaprode ⑳ auf Rügen aus. Weit sichtbar ragt der Dornbusch mit dem 72 m hohe Bakenberg empor. Von seinem Steilufer wurde das Material abgetragen, aus dem der flache Teil Hiddensees aufgebaut ist: die beiden Bessine ㉒, Sandhaken mit dichten Sanddornbeständen, und der etwa 16 km lange südlich anschließende Inselteil. Seeseits ziehen sich feinsandige Strände, die Boddenseite säumt teilweise ein Schilfgürtel. Zwischen Vitte und Neuendorf liegt die Dünenheide mit zahlreichen typischen Blütenpflanzen. Im August prägt der violette Blütenteppich des Heidekrauts die Dünenlandschaft. Die Bessine und die Südspitze Hiddensees, der Gellen ㉓, sind Brutplätze für Küstenvögel und Rastplätze für Durchzügler aus Skandinavien und dem Baltikum. In den Buchten und Lagunen befinden sich die Schlafplätze der ziehenden Gänse-Arten. Leuchtend weiße Streifen erweisen sich im Fernglas als Tausende von Höcker- und Singschwänen. Imposant gestaltet sich auch der Zug der Watvögel, die sich in den ruhigen Flachwasserzonen und Windwatten von den reichlich vorhandenen Bodentieren ernähren und für den Flug in die Überwinterungsgebiete fit machen. Auch Singvögel nutzen die vorgeschobene Lage von Hiddensee als Sprungbrett

Wie bei Caspar David Friedrich: Kreidefelsen an den Wissower Klinken

Insel Hiddensee: Der Leuchtturm auf dem Dornbusch ist weithin sichtbar.

zwischen ihren Brutplätzen im Norden und Osten und den Überwinterungsplätzen. Stelzen, Pieper, Rotkehlchen, Finken, Grasmücken, Drosseln und viele andere suchen Nahrung und Schutz in den Sanddorndickichten und auf den Wiesen. Infohaus des Nationalparks am nördlichen Rand von Vitte.

Rügen

Die Insel Rügen besteht aus mehreren Halbinseln, die einst eigenständig waren und durch den Küstenausgleich (Abtrag und Anlandung) über Nehrungen zusammenwuchsen. Rügens buchtenreiche Küste ist 574 km lang.
Im äußersten Nordosten Rügens und Deutschlands liegt die Halbinsel Wittow ㉔ mit dem Kap Arkona ⑤, einem 46 m hohen Kreidefelsen, der stetig abgetragen wird. Hier befand sich einst eine Slawische Burgwallanlage, von der wegen des Küstenabbruchs nur noch wenig zu sehen ist. Den älteren der beiden Leuchttürme entwarf Karl-Friedrich Schinkel. Ein Wanderweg führt entlang der Steilküste zum idyllischen Fischerort Vitt ㉕. Von hier eröffnet sich der beste Blick auf Kap Arkona. Das Steilufer der Halbinsel Wittow zwischen Dranske ㉖ und Arkona setzt sich aus bewachsenen (inaktiven) und schroffen (aktiven) Kliffabschnitten zusammen. Auch der Strand zeigt sich abwechslungsreich von feinem Sandstrand bis zum Geröllstrand mit mächtigen Felsblöcken, die oft dicht mit Blasentang bewachsen sind. Am Strand findet man zwischen den Steinen salzliebende Pflanzen. Die Schaabe, eine schmale Nehrungs-Landbrücke, verbindet Wittow mit der Halbinsel Jasmund.

Jasmund

Der Nationalpark Jasmund befindet sich auf der gleichnamigen Halbinsel zwischen Sassnitz ㉗ und Lohme ㉘. Das Nationalparkgebiet umfasst einen aus Kreidekalk aufgebauten bewaldeten Höhenrücken, die Kreideküste und einen 500 m breiten Bereich der Ostsee. Besonders markant und einzigartig in Deutschland sind die hohen, am Königsstuhl ⑥ bis auf 118 m aufragenden Kreidekliffe. Zweifelsohne ist die Kreideküste mit dem Königsstuhl der spektakulärste und eindrucksvollste Teil Rügens, wahrscheinlich der gesamten Ostseeküste und eine der schönsten Landschaften Deutschlands. In den alten Buchenwäldern verstecken sich Moore, Kalktrockenrasen, Bäche und stille Waldseen. Die höchste Erhebung, der Piek-Berg, erreicht 161 m. Das leuchtend weiße, schroffe Steilufer ragt durchschnittlich 100 m hoch und in einer Länge von 10 km aus dem Meer auf. Bizarre Formen bildet die Küste an Einschnitten, etwa dem Wissower Klinken ㉙.

Die rund 70 Mio. Jahre alte Kreide besteht größtenteils aus den Kalkplättchen kleiner Meeresorganismen. Sie ist mit schwarzen Feuerstein-Bändern durchzogen, die zahlreiche Fossilien enthalten. Wer den mühsamen Weg am Fuß der Kreideküste nicht scheut, findet reichlich Versteinerungen mariner Tiere. Am steinreichen Strand und im Flachwasser liegen riesige Blöcke bis 27 m^3.

Das Kreidekliff nutzen Mauersegler, Mehlschwalben und Hausrotschwanz als Brutplatz. In den Buchenwäldern brüten Zwerg-, Trauer- und Grauschnäpper. Neben den wenig scheuen Damhirschen, denen man frühmorgens am Steilufer fast immer begegnet, sind Rothirsch und Reh nicht selten. In Feuchtgebieten finden sich Ringelnattern, die seltene Glattnatter und Kreuzottern. Zur artenreichen Amphibienfauna gehören unter anderem auch Rotbauchunke, Wechselkröte, Teichfrosch und Springfrosch.

Das Besucherzentrum des Nationalparks Jasmund befindet sich direkt am Königsstuhl. Eine Ausstellung zum Thema „Nationalpark Jasmund und Biosphärenreservat Südost-Rügen“ befindet sich im Jagdschloss Granitz bei Sellin ㉚. Führungen zum Königsstuhl und von Sassnitz zu den „Wissower Klinken“ werden täglich von April bis September vom Parkplatz in Hagen angeboten.

Südlich liegt die „Schmale Heide“ (NSG). Dort erstrecken sich parallel zum Kleinen Jasmun-

Feuersteinfelder in der Schmalen Heide bei Mukran

Eisberge am Kliff des Zickerschen Höft/ Greifswalder Bodden

der Bodden die Feuersteinfelder von Neu Mukran. Das etwa 2500 m lange und bis zu 300 m breite Strandwallsystem besteht aus 17 Wällen mit Feuersteinen, zum Teil überwachsen von Heidekraut, eine geologische Rarität. Sturmfluten sammelten das Feuersteingeröll und warfen es vor etwa 4000 Jahren in Wällen auf, als der Wasserstand der Ostsee noch höher als heute war. Heute sind die Geröllfelder von Ginster, Heidelbeere, Krähenbeere, Vogelbeere, Kiefern und vor allem von Wacholder durchsetzt, die der steinigen Landschaft einen stimmungsvollen Heidecharakter geben. Vom Parkplatz in Neu Mukran führen Wanderwege zu den Feuersteinfeldern (ca. 2 km).

Mönchgut

Im Südosten Rügens bildet die Halbinsel Mönchgut ㉛ die nordöstliche Begrenzung des Greifswalder Boddens zur offenen Ostsee. Seeseits zwischen Nord- ㉜ und Südperd ㉝ erstrecken sich lange Sandstrände, an der Boddenseite mächtige gelbe Moränensteilufer und tief eingeschnittene Buchten. Die sanften Hügelketten des Zickerschen Höft ㉞ stellen die großartigste Hutungslandschaft des gesamten Küstenraumes dar. Die Magerrasen werden immer noch durch Schafe beweidet. Zahlreiche seltene Pflanzenarten nutzen diesen in Deutschland selten gewordenen Lebensraumtyp. In der offenen Küstenlandschaft brüten Karmingimpel, Neuntöter und Braunkehlchen. Der Bestand der Sperbergrasmücke und Grauammer gehört zu den dichtesten in Mecklenburg-Vorpommern. Eine Wanderung führt von Groß Zicker auf dem Deich bis zum Steilufer des Zickerschen Berges (86 m), von dem man den Greifswalder Bodden mit der Insel Vilm, die Reddevitzer Höft und die Hagensche Wiek überblickt.

Diese einmalige Küstenlandschaft ist als Biosphärenreservat (www.biosphaerenreservat-suedostruegen.de) geschützt, zu dem auch die Granitz, die Umgebung von Putbus ㉟ und die Insel Vilm gehören – mit Naturschutzgebieten und wertvollen Flächen der Kulturlandschaft Rügens, die ihr heutiges Bild durch traditionelle Landnutzungsformen erhielten. Den schönsten Blick über diese abwechslungsreiche Landschaft bietet der Turm des Jagdschlosses Granitz auf dem Tempelberg (107 m).
Ganzjährig suchen zahlreiche Vogelarten die Wasserflächen um das Mönchgut auf. Arten aus dem gesamten Baltikum verbringen den Winter in den geschützten, nahrungsreichen Flachwassern des Greifswalder Boddens. In der Hagenschen Wiek und der Thiessower See sowie im Neuensiener und Selliner See überwintern bis 16 000 Hauben-, Zwerg- und Rothalstaucher. Fast bei jedem Spaziergang sieht man den Seeadler.
Im nördlichen Greifswalder Bodden liegt die Insel Vilm, ein Kleinod der Ostsee-Küstenlandschaft mit knorrigen, 500–600 Jahre alten Eichen und altem Buchenwald, der zu den ältesten Naturwäldern Deutschlands gehört. Seit über 300 Jahren fanden keine größeren Holzentnahmen statt. Vilm, 2,5 km lang und bis 38 m hoch, beherbergt die Internationale Naturschutzakademie des Bundesamtes für Naturschutz. Von hier aus wird der Meeres- und Küstennaturschutz im nationalen und internationalen Rahmen fachwissenschaftlich unterstützt. Vilm ist für den öffentlichen Besucherverkehr gesperrt. Von Lauterbach werden jedoch täglich Führungen für eine begrenzte Besucherzahl angeboten (Telefon: 038301/61896).

Blick vom Südperd/Mönchgut über den Großen Strand (links Zickersee, rechts Ostsee)

Usedom – Wälder, Seen, Strände

Das Markenzeichen von Deutschlands zweitgrößter Insel sind lange, weiße Strände aus feinstem Ostseesand. Der letzte deutsche Kaiser und viele berühmte Künstler hielten sich hier auf. Bis heute titulieren sich Bansin ①, Heringsdorf ② und Ahlbeck ③ als Kaiserbäder. Aber Usedom hat mehr als schöne Strände – mit alten Buchen bewaldete Hügel, idyllische Seen, Weideland, Moore, vielfältige Küstenlandschaften und – wie Rügen und der Darß – eine weitläufige, buchtenreiche innere Küste. Hier sind es allerdings keine Bodden, sondern ein Mündungsarm der Oder, der durch das Kleine Haff ④, das Achterwasser ⑤ und den Peenestrom ⑥ in den Greifswalder Bodden ⑦ fließt. Auf Usedom befinden wir uns an Deutschlands östlichster Küste.
Besonders eindrucksvolle Ausblicke bieten der Streckelsberg (56 m) in Koserow ⑧ über die Ostseeküste, der Glaubensberg ⑨ (39 m) bei Pudagla über das Achterwasser und den Schmollensee ⑩, der Weiße Berg ⑪ (32 m) auf der Halbinsel Gnitz über den Peenestrom sowie das Steilufer am Loddiner Höft ⑫.

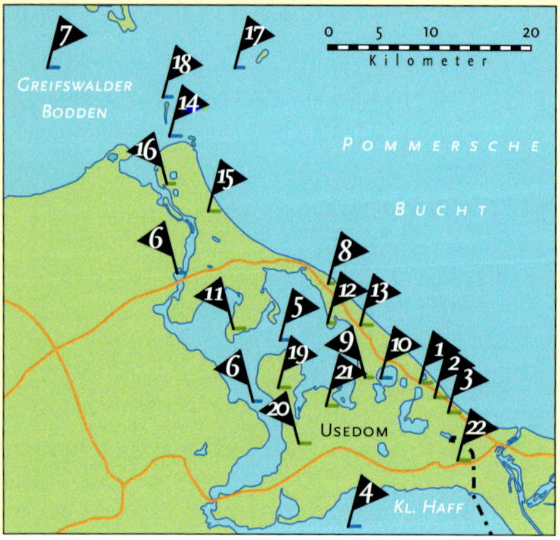

Naturpark Usedom

Die Kulturlandschaft der Insel Usedom wuchs über Jahrhunderte und blieb weitgehend von Großbauten verschont. Zur Bewahrung dieses Landschaftsbildes ist die gesamte Insel einschließlich ihrer Gewässer Naturpark. Naturparks dienen der Erholung des Menschen bei gleichzeitigem Erhalt des Naturerbes. Ein Schritt zum „guten Umgang" mit den Lebensräumen sowie Pflanzen und Tieren ist das Kennenlernen der Naturräume. Auf dem Naturlehrpfad Ostseeküste (75 km) und Lehrpfaden in Naturschutzgebieten ist die ganze Vielfalt der Insellandschaft erlebbar. Auch die spannende geschichtliche Entwicklung (das sagenumwobene Vineta lag angeblich bei Koserow) wird hinlänglich dargestellt.
Führungen bietet die Naturparkstation an: 17419 Korswandt, Tel. 038378-31 913 (www.insel-usedom.de)

Pflanzen und Tiere der Küstengewässer

Schilfgürtel umsäumen einen großen Teil der inneren Küsten. In den flachen Buchten fallen dichte Bestände von Wasserpflanzen auf, deren Blütenteppiche im Juli und August die Wasserflächen rötlich erscheinen lassen. Deutlich heben sich die weißen Blüteninseln des seltenen Brackwasser-Hahnenfuß davon ab. Den reichen Fischbestand ergänzt eine Rarität, der Ostseeschnäpel. Dieser heringsähnliche Fisch, eine Delikatesse für Feinschmecker, wird nur in Quoten befischt.
Die Ostseeküste bietet dort außer dem Sandstrand wenig Abwechslung. Die Zahl der Meerestiere ist mit dem Salzgehalt (6–7 psu, s. S. 40) zurückgegangen. Im Spülsaum findet man außer den vier Muschelarten der Ostsee (Mies-, Herz-, Sandklaffmuschel und Baltische Plattmuschel) hin und wieder einige kleine Krebse.

Blick vom Streckelsberg auf die Seebrücke von Koserow

Achterwasser vom Gnitz auf Usedom

Findlinge aus Finnland und Schweden

Das Forstamt Neu Pudagla bei Ückeritz ⑬ hat einen Waldlehrpfad mit Insektenhotel, Fledermausburg, Streuobstwiese und Geröllhaufen sowie ein Waldkabinett mit Pilzausstellung eingerichtet. Im Gesteinsgarten sind Findlinge ausgestellt. Spätestens hier erkennt man, dass man in Mecklenburg-Vorpommern auf skandinavischem Boden wandelt, den das Eis der letzten Eiszeit abgelagert hat. Führungen unter Tel. 038376-20 460, www.uni-greifswald.de/geo/hoffmann/usedom).

Der Peenemünder Haken ⑭ im Norden der Insel stellt mit seinen ausgedehnten Windwatten einen international bedeutsamen Rastplatz für Wasser- und Watvögel dar.

Von Karlshagen ⑮ und Peenemünde ⑯ fahren Ausflugsboote zu den Inseln Greifswalder Oie ⑰ und Ruden ⑱ (beide NSG). Vom Boot aus sind zahlreiche Wasservögel und fast immer ein Seeadler zu beobachten. Im Spätherbst treffen hier die überwinternden Wasservögel aus dem gesamten Ostseeraum ein – mit in Deutschland einmaligen Ansammlungen von Zwergsägern, Eis-, Trauer-, Samtenten. Information: Naturschutzzentrum Insel Usedom Tel. 038371-21 749.

Halbinseln Gnitz und Lieper Winkel

Die Halbinseln Gnitz ⑪ und Lieper Winkel ⑲ trennen das Achterwasser vom Peenestrom. Eine Besonderheit stellt die Halbinsel Gnitz dar. Dieser abgelegene Ort bewahrte seine Unberührtheit und die Vielfalt seiner Lebensräume (NSG Möwenort). Steilufer mit Uferschwalben, Schilfgürtel, Sandstrände, Salzwiesen und Dünenlandschaften wechseln einander ab. Eine besonders eindrucksvolle Landschaft entsteht durch üppige Wacholderbestände. Die fischreichen Flachgewässer sind Nahrungsrevier des Fischotters.

Auf den Lieper Winkel führt eine alte Kastanienallee. Bei Suckow ⑳ steht die über 1000-jährige Suckower Sockeleiche. Am Balmer See ㉑ befinden sich Erlenbrüche und Salzwiesen (NSG Cosim). Von hier aus blickt man auf die Vogelinseln Böhmke und Werder (NSG), Brutplätze u. a. von Lachmöwe sowie Flussseeschwalbe und Uferschnepfe.

Der Golm ㉒ (NSG) im Südosten Usedoms bei Kamminke ist ein mächtiger Endmoränenhügel (59 m) mit altem Rotbuchenbestand. Im Frühjahr bilden hier Leberblümchen, Lerchensporn und Wald-Goldstern dichte Bestände.

Register

Impressum

Mit 217 Farbfotos, 11 Farbdioramen, 10 Farbgrafiken und 10 Karten.

Die Fotos stammen von Fritz Gosselck (S. 70., 11l., 12o., 17u., 30, 31, 32o., 41, 47o., 59, 91u., 117o.l., 117M.u.r., 117u.r., 120 beide, 139, 140, 141, 143, 144o., 147, 148, 149, 151), Florian Graner (S. 58), Frank Hecker (S. 95M., 95u.), Klaus Janke (S. 50.l., 12, 13, 14, 17o., 23o., 24, 26, 27o., 33, 34, 35, 37, 38, 44, 45, 46, 47u., 48, 49, 50, 51, 52, 53, 54, 55, 56, 58, 60o., 61, 63o.r., 63u.l., 64, 65 u.l., 65u.r., 68M., 68u., 69o., 69u., 72M., 73o., 73M., 74, 75, 76, 77, 78, 79o., 82, 83, 86, 87, 88, 89, 94, 95o., 98M., 98u., 99, 102, 106, 107, 112, 113o., 113M.o., 116, 117o.r., 117M.u.l., 117u.l., 123, 124, 126, 127r., 129, 130, 131, 132, 133, 134, 136, 137, 145, 146l.), Bruno P. Kremer (S. 4, 50.r. 5u., 6, 7 u., 10, 11r., 15, 16, 19, 20, 21, 22, 23u., 27u., 28, 29, 36, 39, 42, 43, 62, 63o.l., 63u.r., 65o., 68o., 69M., 72o., 72u., 73u., 79u., 90, 91o., 98o., 103, 113u., 117M.o.l., 117M.o.r., 127l.), Melanie Kremer (S. 57), Jan Kube (S. 8, 18, 32u., 60u., 146r.), Brigitte Nagel (S. 113M.u.) und Wolfram Otto (S. 144u.); aus dem Archiv „Das Wattenmeerhaus" (S. 118, 119), dem Archiv Multimar Wattforum (S. 135) und dem Archiv Nationalpark Hamburgisches Wattenmeer (S. 122).

Alle doppelseitigen Farbdioramen und die Farbillustrationen auf der S. 94 stammen von Marianne Golte-Bechtle, die Karten der Nordsee und Ostsee von Wolfgang Lang, die Farbgrafiken von Fritz Gosselck (S. 9l., 25, 40, 119), Klaus Janke (S. 56) und Bruno P. Kremer (S. 9r., 13, 14,).

Umschlaggestaltung von eStudio Calamar, Pau, unter Verwendung von 4 Farbfotos von Klaus Janke (Seehund, Seestern, Rügen) und Bruno P. Kremer (Strandkamille)

Bibliografische Information Der Deutschen Bibliothek
Die Deutsche Bibliothek verzeichnet diese Publikation in der Deutschen Nationalbibliografie; detaillierte bibliografische Daten sind im Internet über http://dnb.ddb.de abrufbar.

Postfach 10 60 11
D-70049 Stuttgart
TELEFON +49 (0)711-2191-0
FAX +49 (0)711-2191-422
WEB www.kosmos.de
E-MAIL info@kosmos.de

Gedruckt auf chlorfrei gebleichtem Papier

ISBN 3-440-09395-6
Projektleitung: Dr. Stefan Raps
Lektorat: Bärbel Oftring
Grundlayout: eStudio Calamar
Produktion: Siegfried Fischer / Johannes Geyer
Printed in Germany / Imprimé en Allemagne

S. 136
Flensburger Förde
Schlei
Eckernförder Bucht
Eckern-
förde
Kiel
Fördenland
Fehmarn
Mecklenburger Bucht
Lübecker Bucht
Wustrow
Rerik
Salzhaff
Poel
Wismar-
Bucht
Travemünde
Trave
Lübeck
Wismar
An der Mecklenburger Bucht
Schleswig-
Holstein
Hamburg
M
Deutschla